U0338312

均衡搭配，阻断热量和脂肪·易学易做，崇尚简单和天然

女人最想要的一本美食书

美丽是吃出来的

优图生活◎编著　是吃出来的

瘦身养颜食谱200款

广东旅游出版社
GUANGDONG TRAVEL & TOURISM PRESS
悦读书·悦旅行·悦享人生

图书在版编目（CIP）数据

美丽是吃出来的 / 优图生活编著. -- 广州 ：广东旅游出版社，2013.8
ISBN 978-7-80766-541-0

Ⅰ．①美… Ⅱ．①优… Ⅲ．①女性－减肥－食谱②女
性－美容－食谱 Ⅳ．①TS972.164

中国版本图书馆CIP数据核字(2013)第144973号

文　　字：胡艳巧　付娟娟　吴锦霞
图　　片：刘志刚　刘　计　付大英
　　　　　焦开山　王　赞　李　娟
　　　　　尹　念
策划编辑：王湘庭
责任编辑：王湘庭
封面设计：回归线视觉传达
内文设计：何　阳　何汝清
责任校对：李瑞苑
责任技编：刘振华

广东旅游出版社出版发行
（广州市天河区五山路483号华南农业大学 公共管理学院14号楼三楼）
邮编：510630
邮购电话：020－87347732
广东旅游出版社图书网
www.tourpress.cn
深圳市希望印务有限公司印刷
（深圳市坂田吉华路505号大丹工业园二楼）
787mm×1092毫米　16开　12印张　60千字
2014年4月第1版第2次印刷
定价：29.80元

前言

很多时候，跟女性朋友一起去吃饭，发现她们都是只吃一点点就推开碗，甚至有的从来不吃主食，即使再美味的佳肴，对她们来说，也只是饱饱"眼福"而已。如果问她们原因，答案基本一致——怕肥，要控制体重。每当这时，就为身为女性感到可怜：难道为了美丽真的要付出这么大的代价？

很多女孩子经常都在想：其实自己也是个美人坯子，只是身材显得丰满了一点，如果能瘦下来，一定比很多人漂亮。其实，瘦就一定美丽吗？当然不是，瘦也有一个程度的限制，而且除了身材，身体的各个部分都决定着你是否美丽，比如秀发，比如肌肤，比如牙齿……

有些女性为了追求"魔鬼身材"，一味减肥，并且把节食当作唯一手段。结果瘦是瘦下来了，皮肤却也出了问题，头发更是干枯没有光泽。其实，身体的各个部位每天都需要适量的营养供给，当人体因为过度减肥而导致营养不足时，气血也会不足，此时，除了身体会变得虚弱以外，皮肤也会失去光泽而变得黯淡无光，还容易长斑、长痘。长期如此，瘦是能瘦了，但是代价却是容颜枯槁，身体毛病多多，这样林黛玉似的美女，估计也没有几个人喜欢吧？

那么，怎样才能做到既瘦身，又保持身体的健康和容颜的美丽呢？除了最直接的方式——整容以外，能达到这些效果的最佳方式应该就是——吃。

是的，吃是保持美丽和苗条的秘诀，但是，怎么吃，吃什么，却是大有学问。如果你还坚持"益人者不尽可口，可口者未必益人"的想法，那就错了，其实，我们完全可以既吃得美味又保持美丽，并且在制作这些食物的过程中得到一种快乐。

也许很多女性觉得这不可思议，本书正是要让更多的女性朋友切身体会到这样一种不可思议的变化。本着教会爱美的女性通过享受美食来达到减肥和美容的双重目的，本书列举了一百多道食谱，每个都有详细的制作方法和相对的功效，还有一些制作和食用的小窍门，食材多是常见且较受女性喜爱的食物，制作方法也非常简单，即使从未下过厨房的"小公主"也不必担心无法操作。对于要严格控制体重的女性，我们特意在每个食谱中都列出了所用食材的热量，以帮助她们实现既要美食又要美丽的愿望。

此外，本书的最大特点是：不是笼统地告诉大家吃什么可以减肥、吃什么可以美容，而是更详细地告诉大家，吃什么可以瘦哪里、吃什么有哪一方面的美容功效。因为生活中，很多女性可能只需要局部的减肥或者解决皮肤某一方面的问题，所以，有针对性的饮食能帮助大家更快、更健康地达到目标，从而避免不必要的时间和精力的浪费。

翻开这本书，从此跟痛苦的节食说"拜拜"。

目 录

PART1
且妖且娆，吃出来的魔鬼身材······013

PART2

娇颜如花，美丽细节吃出来 ⋯⋯⋯⋯⋯⋯⋯105

副目录

鱼 类

素菜类

坚果类

中药类

对号入座，各种体质的中医养颜方

各种体质极其主要表现

体　质	主要表现
中性体质	这种体质的人一般胖瘦匀称、体格健壮；此外，还有以下特征：耐寒耐暑；头发浓密且乌黑，面色红润有光泽；食欲正常，睡眠良好，精力充沛。
阴虚体质	这种体质的人一般体形较瘦，主要表现为：面色黯淡无光或潮红，有时会有烘热感；口舌容易干燥，口渴时喜欢喝冷饮；四肢怕热、易烦易怒、容易失眠；大便偏干，小便短少等。
阳虚体质	这种体质的人一般体形白胖，主要表现为：面色淡白无光泽，口淡不渴；四肢容易寒冷，喜欢温暖气候与饮食；精神不振，不喜欢说话；大便稀泻状，小便清长或短少等。
气血虚体质	这类体质的人一般面色苍白或萎黄；说话有气无力，四肢倦怠乏力；头晕目眩，心悸失眠，两眼干涩；小腹隐隐作痛，有空坠感，女性则表现为经量少且颜色淡薄等。
痰湿体质	这类体质的人一般形体肥胖，主要表现为：喜好甜食；精神疲倦，嗜睡，头脑昏沉，睡觉易打鼾；代谢能力不佳，积聚废物于体内，进多出少，身体常觉千斤重。
湿热体质	这类体质的人平时面部常有油光，容易生痤疮粉刺；身体感沉重容易疲倦，容易口苦口干；大便干燥硬结，或者显得比较黏，小便短而颜色发深；有些男性的阴囊显得比较潮湿，女性则白带增多。
瘀血体质	这类体质的人一般身体较瘦，常见症状有：头发易脱落，肤色暗沉；唇色暗紫，舌有紫色或瘀斑；眼眶暗黑等症状，脉象细弱。此外，还可能过早出现老人斑，常有疼痛困扰（女性生理期容易痛经）等。
气郁体质	这类体质的人往往性格内向不稳定，抑郁脆弱，敏感多疑，平时苦着脸；有些人胸部有胀痛感，常叹气、打嗝，或者咽喉总觉得不舒服，有东西梗着；有些女性经前乳房胀痛，月经不调，痛经等。
特禀体质	特禀体质就是指先天禀赋不足的体质，多是遗传所致。这类体质基本等同于过敏体质。过敏体质者容易对药物、食物、气味、花粉、季节等产生过敏，常见症状有荨麻疹、哮喘、咽痒、鼻塞、打喷嚏、流鼻涕等，皮肤易出现抓痕。

各种体质的中医饮食养颜方

体　质	饮食养颜
中性体质	保持现有的饮食习惯，就非常完美了。
阴虚体质	少吃助阳食品，如辛辣、热性食物。要多吃清热、凉血止血的食物（参考附录中的食物属性）。
阳虚体质	注意少吃寒凉、生冷之物，多吃一些温补之物（参考附录中的食物属性），根据"春夏养阳"的原则，特别是在夏日三伏时，吃一些补阳的中药。
气血虚体质	不挑食，不盲目减肥，少吃辛辣油腻的食物。
痰湿体质	少吃肥甘厚味的食物，酒类也不宜多饮，且勿过饱。多吃些健脾利湿、化痰祛湿的食物，如新鲜蔬菜、水果等。
湿热体质	不宜暴饮暴食、酗酒，少吃肥腻食品、甜味品。多吃一些祛湿热的食品。并且饮食还要多清淡，多吃甘寒、甘平的食物。
瘀血体质	可常食油菜、黑豆、山楂、黑木耳、藕、韭菜、红糖、刀豆、茄子等具有活血化瘀作用的食物，酒可少量常饮，醋可多吃。不宜吃寒凉冷冻的食物。
气郁体质	平时要多吃红枣、百合、莲子等能健脾养心安神的食物；多吃一些能行气、解郁、消食、醒神的食物，如鱼类、瘦肉、乳类、豆制品、柑橘、玫瑰花、茉莉花、山楂等。
特禀体质	饮食上应以清淡、均衡为主。发病时少吃荞麦（含致敏物质荞麦荧光素）、虾、蟹、酒、辣椒等辛辣之品以及腥膻发物及含致敏物质的食物。

PART 1

且妖且娆，
吃出来的魔鬼身材

一提到减肥，周围的女性朋友就会信誓旦旦地说，我要节食，我哪天不吃东西，我哪天只喝水。可是却总也做不到，或是做到了却没有达到目的，要么根本减不下来，要么幸运地减下来了可很快又反弹回去了。这是为什么呢？

因为你的身体不允许你这样"虐待"它。

很多人以为饿着可以减肥，其实正好相反，当你的身体发出饿的信号但你却不理会时，身体就会非常难受。于是当你终于再次进食时，你的身体的第一反应就是储存热量，因为它不知道你下次进食会拖到什么时候。这样，你体内的脂肪就会越积越多。所以，绝食减肥绝对不是理想的减肥方法，真正的好身材是吃出来的，关键在于你吃什么、怎么吃。

瘦　身

每个爱美的女子，总希望自己能拥有窈窕的身材。为了摆脱肥胖进入窈窕淑女的行列，忍饥挨饿是常事，结果这顿忍过了，下一顿却禁不住美食的诱惑，吃起来一发不可收拾，直到身体发出满足的信号后，再看着体重计的指针懊悔不已……

其实，减肥完全可以不用这么辛苦，吃对食物即可轻松享"瘦"。

冬瓜鲤鱼汤

食材热量表（单位：每100克）

鲤鱼　　　109千卡（456千焦）

冬瓜　　　11千卡（46千焦）

小油菜　　11千卡（46千焦）

材料：

鲤鱼200克，冬瓜150克，青菜（如小油菜、菠菜）50克，生姜和盐各适量，枸杞少许。

做法：

1.鲤鱼剖洗干净，切块；冬瓜洗净，切成片状；青菜洗净切碎；生姜洗净拍松。

2.锅置火上，加入适量清水烧开，放入鲤鱼和拍松的生姜。

3.再烧开后撇去浮沫，放入冬瓜，用中火续烧10分钟。

4.取出生姜块，放入盐，放入青菜同煮2分钟后即可，装碗时加枸杞点缀。

制作要点：

1.在制作过程中要用中火慢烧，不要早放盐，烧至鱼汤呈奶白色为佳。

2.最后加青菜的时候为了避免菜色转黄，不要加盖焖，且保证开锅烧约2分钟后出锅。

材料变变变：

最后放的青菜可选择自己喜欢吃的品种，菠菜、香菜、小油菜等都可以。

TIPS

鲤鱼的脂肪多为不饱和脂肪酸，能很好地降低胆固醇，防止肥胖；冬瓜具有利尿的功效，能排出水分，减轻体重，鲤鱼和冬瓜营养都非常丰富，且含热量较低，常食不会长胖还能增强体质。

且妖且娆，吃出来的魔鬼身材

肉丝炒豆芽

食材热量表（单位：每100克）

瘦肉　　　143千卡（598千焦）

绿豆芽　　18千卡（75千焦）

材料：

瘦猪肉150克，绿豆芽150克，酱油、料酒、香醋、胡椒粉、盐、味精、葱、姜、香油各适量。

做法：

1. 将瘦肉洗净，切成5厘米的细丝；绿豆芽择洗干净，用沸水焯烫透捞出，沥净水分；葱、姜切末备用。

2. 锅置火上，放油烧热，放入肉丝煸炒，见变色时下葱、姜末，加入料酒和酱油，然后放入焯好的豆芽，加入醋、盐、味精、胡椒粉，大火急炒片刻，最后淋入几滴香油即可。

制作要点：

不论是黄豆芽、绿豆芽还是花生芽皆有豆腥味，可在豆芽菜里洒少许料酒，去除豆芽的豆腥味。

材料变变变：

如果你比较喜欢吃黄豆芽，也可以选用黄豆芽，减肥效果是一样的。

TIPS

绿豆芽含有较多的维生素C、钙盐和磷盐，是一种营养丰富但热量低的食物；瘦肉丝含蛋白质较肥肉多，而脂肪较肥肉少。两者搭配，荤素相兼，营养搭配合理，且成菜柔脆鲜嫩，味香爽口，是健美减肥的理想菜肴。

素笋耳汤

食材热量表（单位：每100克）
· 冬笋　　　40千卡（167千焦）
· 黑木耳　　21千卡（88千焦）

材料：

冬笋200克，水发黑木耳100克，香菜1根，葱姜汁适量，高汤1碗，盐、鸡精、香油各适量。

做法：

1.先将冬笋去皮洗净，切成薄片，入沸水中略烫捞出，放凉水中过凉后捞出控水。

2.黑木耳洗净，撕成小朵；香菜去叶洗净后切成小段。

3.锅置火上，倒入高汤，加入葱姜汁，再放入竹笋片、黑木耳片。

4.待汤煮沸时，用勺撇去浮沫，放入香菜梗，加盐和鸡精调味，淋上香油搅匀后盛入碗中即可。

制作要点：

如果家里没有高汤或制高汤比较麻烦，可以直接用市售的高汤代替。

材料变变变：

黑木耳也可用白木耳（银耳）代替，制作方法是一样的。而且白木耳除了和黑木耳一样含有丰富的膳食纤维外，还能滋阴养颜，对去除脸部黄褐斑、雀斑都有效果。

TIPS

　　冬笋是低脂肪的减肥蔬菜，并含多种人体所需氨基酸；黑木耳中含有丰富的纤维素和一种特殊的植物胶质，能促进胃肠蠕动，促使肠道脂肪食物的排泄，减少食物脂肪的吸收，从而起到减肥作用。

且妖且娆，吃出来的魔鬼身材

减肥赤豆粥

食材热量表（单位：每100克）
大米　　346千卡（1448千焦）
赤豆　　309千卡（1293千焦）
绿豆　　316千卡（1322千焦）

材料：
大米、赤豆各100克，绿豆50克，冰糖少许。

做法：
1.将赤豆和绿豆分别洗净，事先浸水半天；大米淘洗干净，沥干。
2.锅中加入适量水，烧开，放入赤豆煮20分钟后，加入绿豆、大米续煮30分钟。
3.食用时可加入冰糖调味。

制作要点：
如果喜欢喝稀粥，则米、水比例大致为1:20，煮到米粒开花就好；如果喜欢喝稠粥，米与水的比例大致为1:15，煮至米黏稠软烂即可。

材料变变变：
不喜欢绿豆可以用薏米代替，减肥效果同样很好，而且薏米还有健脾胃的功效，常吃对身体非常有益。制作时需要注意，薏米较难熟，可和赤豆、大米同时入锅。

TIPS

赤豆性暖，绿豆性寒，两者同食不但不会伤身体，还可在品尝美味佳肴的同时收到利尿消肿、减肥健美的效果。

018

白萝卜豆腐

食材热量表（单位：每100克）	
豆腐	81千卡（339千焦）
白萝卜	21千卡（88千焦）

材料：

豆腐1块，姜汁1小匙，白萝卜半根，海苔（或海带）丝、面粉各少许，酱油1大匙，白糖1小匙。

做法：

1. 将豆腐切成8小块，沾上面粉；白萝卜洗净，入蒸锅中蒸熟后搅拌成泥状。
2. 酱油、姜汁、白糖和适量清水兑成汁。
3. 豆腐上放少许白萝卜泥，淋上调好的汁，加少许海苔丝上蒸锅蒸10分钟即可。

制作要点：

如果家里没有蒸锅，直接炖也可以。具体做法是：将豆腐和白萝卜分别入沸水锅中汆烫后一同放入锅中，加入适量清水和调味料（依个人口味），炖10~20分钟即可。

材料变变变：

有很多人不喜欢吃白萝卜，那么用胡萝卜或土豆代替白萝卜都可以。土豆营养丰富且脂肪含量少，热量低，容易产生饱腹感，对减肥很有帮助。

TIPS

白萝卜有助于加强脂肪类食物的新陈代谢，防止皮下脂肪的堆积；豆腐的蛋白质非常丰富，钙质多，易于消化，利于降脂，常吃不但能瘦身还能抑制黑色素的生成，使粗糙的皮肤逐渐变得娇嫩细腻。

且妖且娆，吃出来的魔鬼身材

酸辣土豆丝 33

辣椒酱调成调味料。

4.将土豆丝、彩椒丝、香菜倒入大碗中，倒入调好的调料，拌匀即可。

食材热量表（单位：每100克）

食材	热量
土豆	104千卡（435千焦）
彩椒	22千卡（92千焦）

制作要点：

为了减少脂肪的摄入，这道菜是用开水煮后直接用调味料拌的。

材料：

土豆3个（约400克），彩椒2个，香菜少许，醋、香油、辣椒酱、盐、糖、鸡精各适量。

做法：

1.土豆去皮切丝，用水泡好，防止变黑；彩椒洗净，切丝。

2.锅中加入适量清水，烧开，放入土豆丝，煮熟后捞出；彩椒也放入锅中略烫后捞出。

3.取小碗用盐、糖、鸡精、醋、香油、

TIPS

如果你有强烈的决心要减肥，那么建议你每日坚持一餐只吃土豆（煮土豆、煎土豆饼、蒸土豆等），长期下去对预防营养过剩或减去多余的脂肪很有效。吃土豆你不必担心脂肪过剩，因为它只含有0.1%的脂肪，是所有充饥食物都望尘莫及的。每天适量吃土豆可以减少脂肪的摄入，使多余脂肪逐渐代谢掉，以达到瘦身的目的。

菠菜玉米粥

食材热量表（单位：每100克）

食材	热量
菠菜	18千卡（75千焦）
玉米糁	347千卡（1452千焦）

材料：

菠菜100克，玉米糁100克。

做法：

1.将菠菜洗净，放入沸水锅内焯2分钟，捞出过凉后，沥干水分，切成碎末。

2.锅置火上，加入适量清水，烧开后，放入玉米糁（边撒边搅，以防粘连），煮至八成熟时，撒入菠菜末，再煮至粥熟。

材料变变变：

如果没有玉米糁，也可直接用玉米粒代替，建议选择甜玉米，热量相对较低且甜甜脆脆的，更适合年轻人的口味，做这道粥时要将玉米先煮，待粥快好时再加入菠菜末。

TIPS

玉米有利尿作用，并能消除浮肿，且菠菜是养颜佳品，两者搭配既能减肥瘦身，又不会影响健康。

且妖且娆，吃出来的魔鬼身材

轻松瘦身："泡"出来的完美身材

泡脚能促进血液循环，排出身体内的多余水分和废物，让你不知不觉瘦下来。不过，泡脚减肥要注意正常的方法，否则效果将大打折扣。

1.在塑料水桶中加入适量水（以能浸没脚背为宜），水温以41~42℃为宜，最好用温度计量一量，或者就以泡澡的温度为准，接着再放入精油或者浴盐。

2.坐在一把舒适的椅子上，双脚放进水桶中，基本的浸泡时间是15~20分钟。

3.水温逐渐变冷以后，再将热水缓慢倒入水桶中，继续泡脚。注意不要被热水烫伤。

4.泡完之后，将双脚擦干，穿上袜子保暖，如果擦上脚部护理霜，还可以给脚丫美容哦。最后再喝温水补充水分，同时促进新陈代谢。

通过这个方法减肥不需要太费力，效果也相对比较缓慢，但是这个方法会让身体越来越健康，持之以恒的话你会欣喜地发现身材越来越好了！

瘦脸

女人因瘦而美，女人为美而瘦。拥有一张精致的小脸就是这样讨巧，不但看起来更美更上镜，还可以轻松骗过别人的眼睛，让你整体看起来比你本身的体重要轻。

很多女性在追求瘦脸的过程中，比较盲目而且爱走极端，采取极其不健康的方式，如节食或者过度依赖减肥药等。这些都是破坏身体健康的元凶，不仅会让身体状况变差，还会间接影响脸色，使眼周出现小细纹，脸颊乱冒痘痘。

其实瘦脸也可以很健康很简单，特别是对挡不住食物诱惑又爱美的女性来说，不用节食，吃对食物就可以轻松瘦脸了。

苹果西洋芹沙拉

材料：

苹果半个，西洋芹1把，酸奶50毫升。

做法：

1.将新鲜的苹果和西洋芹洗净，切片之后用冰水冲，使其更具清脆口感。

2.加入酸奶拌匀，美味又健康。

制作要点：

用冰水冲或者切片后放在冰箱冷冻一下，口感更好。

材料变变变：

如果不喜欢西洋芹的涩味，可以换成味道比较甜的胡萝卜。

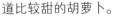

苹果中含有丰富的钾质可以促进体内代谢功能，可以排除因为不当饮食或不良生活习惯所产生的脸部肿胀问题；西洋芹富含高纤维质以及充沛的钾元素，还能促进口腔活动，是不可多得的小脸健康食物。搭配酸奶，瘦身养颜又健康。

且妖且娆，吃出来的魔鬼身材

蜂蜜胡萝卜汁

材料：

胡萝卜半根，纯净水半杯，蜂蜜1小匙。

做法：

1.胡萝卜洗净去皮，切成小丁。

2.将胡萝卜丁放入果汁机，加入纯净水和蜂蜜，启动机器约1分钟，胡萝卜汁和蜂蜜充分混合即可。

制作要点：

纯净水和蜂蜜一起加入果汁机，可以保证蜂蜜和果汁充分混合，口感更好。

美颜一点通：

取少许蜂蜜胡萝卜汁，加入鸡蛋清一个，搅拌均匀后用来敷脸，15分钟后用温水洗净，有非常好的美白抗皱紧肤功效，可以让脸蛋看起来更紧致精巧。

TIPS

　　新鲜胡萝卜榨成汁，每天和蜂蜜搭配饮用，不仅可以帮助瘦脸，还能让你的身体更轻盈。

绿豆薏米粥

食材热量表（单位：每100克）

绿豆　　316千卡（1322千焦）

薏米　　357千卡（1497千焦）

材料：

绿豆20克，薏米20克。

做法：

1.将薏米和绿豆洗净，然后用水浸泡隔夜。

2.将浸泡用的水倒掉，再放入新的水，用大火烧开。

3.烧开后用小火煮至熟透即可食用。

制作要点：

由于粥品系列本身没有什么调味，你可以适当加点白糖、红糖、蜂蜜或者果糖，但是切记不能加多了，因为这些都是高热量的东西。

TIPS

绿豆和薏米都有利尿和改善脸部水肿的效果。薏仁本身还有美白的功效，可以减少脸上斑点的产生。绿豆则有解毒的效果，使体内毒素尽快地排除。

且妖且娆，吃出来的魔鬼身材

苦瓜瘦肉汤

食材热量表（单位：每100克）

瘦肉	143千卡（598千焦）
苦瓜	19千卡（79千焦）

材料：

猪瘦肉500克，苦瓜2条，枸杞少许，盐4克。

做法：

1. 将猪瘦肉洗净，切成片；鲜苦瓜洗净，去瓤切块，备用。
2. 将猪瘦肉片放入汤锅中，加清水适量，用大火煮，煮沸后撇去浮沫改用小火煮。
3. 煮至七成熟时，放入苦瓜块，加入盐调好味，加枸杞点缀即可。

美颜一点通：

将1根苦瓜洗净，放入冰箱中冷冻片刻，用榨汁机磨成泥状，视情况加入适量纯净水，充分搅拌，调和均匀成稀薄适中、易于敷用的糊状，然后均匀地涂沫在面部上，15分钟后洗净。每周1~2次，可帮助消除面部多余的脂肪，瘦脸美肤。

TIPS

苦瓜性寒、味苦，含有丰富的维生素及苦瓜素等营养成分，可滋润美白，镇静保湿肌肤，并能帮助燃烧脂肪，使你轻松拥有迷人小脸。

凉拌菠菜

食材热量表（单位：每100克）

菠菜　　　24千卡（100千焦）

材料：

新鲜菠菜300克，盐、葱、姜、酱油、香油各适量。

做法：

1.将菠菜洗净切成段状；葱和姜切成细丝。

2.将碗中放入盐、酱油、香油、葱丝与姜丝，拌匀。

3.锅中放水，煮滚时放入菠菜，将菠菜烫软后取出，沥干水分，放入碗中，淋入调好的酱汁即可。

制作要点：

菠菜容易在烹调的过程中损失大量的营养，所以应尽量缩短烹调时间。

TIPS

要想成功瘦脸，在平日的食物挑选上应该注意多摄取含高钾质的食材，因为钾能够促进体内代谢功能，排除多余水分，解决脸部肿胀问题。菠菜含有丰富的钾及维生素，对瘦脸很有帮助。

且妖且娆，吃出来的魔鬼身材

冬瓜玉米汤

食材热量表（单位：每100克）	
冬瓜	11千卡（46千焦）
玉米	106千卡（444千焦）
胡萝卜	37千卡（155千焦）
冬菇	212千卡（887千焦）
瘦肉	143千卡（598千焦）

材料：

冬瓜200克，玉米1根，胡萝卜1根，冬菇（浸软）5朵，瘦肉150克，姜2片，盐适量。

做法：

1.胡萝卜去皮洗净，切块；冬瓜去皮，洗净，切厚块；玉米棒洗净，切块；冬菇去蒂洗净；瘦肉洗净，氽烫后切成块。

2.煲中放入适量清水，放入胡萝卜块、冬瓜块、玉米块、冬菇、瘦肉块、姜片，煲滚后用小火煲2小时，加入盐调味即可。

制作要点：

注意掌握好时间，不要把玉米粒和冬瓜煮得太烂，否则影响口感。开始多放点水，中途不要加水。

TIPS

因为冬瓜和玉米都有去脂肪、去水肿作用，所以这道汤非常适合肥胖者食用，且尤其适合脸部浮肿者。持续喝1~2个月能见效。

西瓜雪泥

食材热量表（单位：每100克）

西瓜　　　25千卡（105千焦）

材料：

西瓜300克，冰块适量。

做法：

1.将西瓜去皮切成小块。

2.将冰块及西瓜一同放入果汁机内搅打均匀即可。

制作要点：

果糖是制作上佳珍珠奶茶必备的甜味原料，具有清润爽甜的特点，其风味非一般白砂糖所能比拟（一般白砂糖常甜得黏口而不清爽），所以不要用白砂糖代替。

瘦身小提醒：

不要为了方便就选择食用市售包装好的果汁，这种果汁的营养成分所剩无几，而且热量还会比较高，对瘦脸无益。

TIPS

　　西瓜具有利尿的效果，可促进水分的排出。另外，西瓜也有降火气的作用，对火气大引起的痘痘具有缓和的效果。夏天时加入冰块，可作为消暑的良伴，对去脂也很有帮助。

且妖且娆，吃出来的魔鬼身材

瘦脸速成："粉"饰出来的小脸

　　如果脸比较大，也可以用化妆来掩饰，你可以用两种颜色的粉底，用深色粉底打在颧骨以下的两颊部位，用浅色的粉底液提亮T区、眼睛下方和下巴，不仅会显得脸小，而且五官一下子就立体起来。如果你觉得两种粉底很麻烦，也可以只用一种，不过前提是皮肤够好。这款粉底液的颜色应该比颈部的肤色还要深一点点，而且是偏冷调的黄色，就像面黄肌瘦的那种色彩，将深色的粉底打在两颊部分及脸部轮廓边缘，也能在视觉上起到缩小脸部轮廓的效果。

美胸

　　拥有傲人的双峰一直是大多数女性追求不舍的目标。完美的胸部曲线总能吸引大众的目光，让人忍不住想多看几眼。

　　所以，市面上各种各样的美胸丰胸产品层出不穷，然而这些产品是否有效，使用后对身体会不会产生副作用，我们不得而知。

　　什么是最天然最安全的美胸丰胸产品呢？答案是食物。

　　专家认为，乳房的丰满程度，与遗传、保养等因素有关，其中与营养素的摄入、雌激素的刺激关系更为密切。所以，当你还在为罩杯太小而苦闷不已时，不如学习做几道美胸丰胸的食物，给自己的胸部足够的营养吧。

百合木瓜煲绿豆

食材热量表（单位：每100克）	
百合	343千卡
绿豆	316千卡（1322千焦）
瘦肉	143千卡（598千焦）
海带	77千卡（322千焦）
木瓜	27千卡（113千焦）

材料：

瘦肉200克，干海带20克，新鲜百合10克，绿豆100克，木瓜200克，陈皮1块，盐适量。

做法：

1.将瘦肉洗净，入沸水锅中汆烫后再洗净，切块；干海带用清水泡发后洗净，撕成小块。

2.百合、绿豆分别洗净；木瓜去皮、核后切厚片；陈皮浸软刮去瓤。

3.锅中加入适量清水，烧开，放入所有原材料，煲滚后改小火煲约2小时，加入盐调味即可。

制作要点：

如果没有新鲜百合也可用干百合代替。

TIPS

此汤果肉丰满香甜，气味独特，营养丰富，是初夏女性美容丰胸的圣品。

汤中的主要材料木瓜果肉厚实细致、甜美可口，是营养和药用价值都很高的果品，具有美容丰胸，减肥和帮助睡眠的功效。

且妖且娆，吃出来的魔鬼身材

银耳木瓜粥

材料：

糙米200克，青木瓜150克，银耳10克，枸杞10克，盐适量。

做法：

1.糙米洗净，浸泡30分钟；银耳以水浸泡至软，去蒂，以手摘成小朵；木瓜去皮及籽，切小丁。

2.糙米放入锅内，加水煮沸后改小火，煮约10分钟后加入银耳及枸杞，再煮约5分钟。

3.加入木瓜，继续以小火煮约15分钟，后加入盐调味，加盖焖约10分钟即可。

制作要点：

如果想将银耳的胶质熬出来，可先熬银耳，大火煮沸后转小火熬40分钟左右，好的银耳这时会慢慢变黏稠，再加入糙米煮，最后加入木瓜煮，味道很不错。

TIPS

木瓜中含量丰富的木瓜酵素和维生素A，可刺激女性荷尔蒙分泌，帮助乳腺发育，再加上含胶质丰富的银耳，两者煮粥，对美胸丰胸非常有益。

花生卤猪蹄

食材热量表（单位：每100克）

猪蹄　　260千卡（1088千焦）

花生米　563千卡（2356千焦）

材料：
猪蹄1只，花生米50克，姜片、大葱、料酒、酱油、白糖、盐各适量。

做法：
1.将猪蹄刮洗干净，斩成小块，放入沸水锅中汆烫，去血沫，捞出备用。
2.花生仁放入水中浸泡2小时。
3.砂锅底部铺上姜片和大葱，然后放入猪蹄，加料酒和适量水，大火煮开，再转小火炖约1小时。

4.放入泡好的花生仁、酱油和白糖再炖煮约50分钟至猪蹄软烂，最后加入盐调味即可。

制作要点：
将姜片和大葱铺满锅底，这样可以有效防止卤的过程中猪蹄粘锅。

TIPS

花生脂肪含量高，猪蹄富含胶质，皆有促进胸部发育的效果，建议可以3天吃一次。

且妖且娆，吃出来的魔鬼身材

核桃羊肉粥

食材热量表（单位：每100克）

食材	热量
核桃	627千卡（2623千焦）
羊肉	203千卡（849千焦）
羊肾	96千卡（402千焦）
大米	346千卡（1448千焦）

材料：

核桃仁10克，羊肉100克，羊肾1对，大米100克，葱、姜、盐各适量。

做法：

1.先将羊肉洗净，切细；羊肾剖开，去筋膜，切细。

2.大米淘洗干净，放入锅中，加入适量清水，大火煮沸，放入羊肉、核桃和羊肾，煮至粥熟后，加入葱、姜、盐等调味品后即可食用。

食用指导：

如果有豆浆加入豆浆效果更佳，如果不将豆浆加入粥中，喝这道粥时，搭配豆浆喝也不错。注意豆浆不能加糖煮。

TIPS

羊肉和核桃都含有丰富的蛋白质，能够促进乳房发育。另外，女性常吃核桃，能令皮肤白皙润泽，容光焕发。

木瓜西米羹

食材热量表（单位：每100克）

木瓜　27千卡（113千焦）

西米　343千卡（1433.74千焦）

材料：

西米20克，木瓜100克，牛奶100毫升，冰糖10颗。

做法：

1.将西米用清水浸泡20分钟，捞出沥水。

2.木瓜去皮，去籽，去瓤，切小块。

3.将西米和牛奶放入锅内，用小火慢慢煮开。

4.加入150毫升清水，放入切好的木瓜以及冰糖用小火慢慢煮至西米变得透明即可。

制作要点：

熬煮过程中注意搅拌，避免西米粘锅。另外，如果是冬天的话，趁热喝能让身体变得暖暖的；夏天则可以冷藏后食用，冰凉沁心。

TIPS

木瓜富含多种营养元素，丰富的木瓜酶有利于乳腺发育，木瓜酵素中维生素A等养分能促进女性激素分泌。牛奶中的蛋白质是构成乳房细胞的重要元素。西米能促消化，使皮肤恢复天然润泽。

且妖且娆，吃出来的魔鬼身材

香蕉葡萄糯米粥

食材热量表（单位：每100克）
糯米　346千卡（1448千焦）
香蕉　91千卡（381千焦）
葡萄干　341千卡（1427千焦）

材料：

圆糯米100克，香蕉1根，葡萄干20克，熟花生适量，冰糖适量。

做法：

1.圆糯米洗净后用水浸泡1小时；香蕉剥皮，切成小丁。

2.葡萄干洗净；熟花生去皮后再用刀剁碎。

3.锅置火上，放入清水和圆糯米，大火煮开后，转小火熬煮1小时左右。

4.将葡萄干、冰糖放入粥中，熬煮20分钟后加入香蕉丁、花生碎，稍煮即可。

美颜一点通：

香蕉还可以美容。方法如下：香蕉半根，捣泥加适量牛奶，调成糊状，敷在脸上，保持15~20分钟后洗去。可使皮肤清爽润滑，并可去除脸上痤疮，淡化雀斑。

TIPS

不少女性朋友都知道香蕉具有减肥的功能，其实香蕉还有丰胸的功效，是很好的丰胸水果，含有丰富的蛋白质和维生素C、维生素A以及多种矿物质。

米酒丸子

食材热量表（单位：每100克）

米酒　　91千卡（381千焦）

糯米粉　348千卡（1456千焦）

材料：
米酒50克，糯米粉200克，冰糖5颗。

做法：
1.将糯米粉加入适量水，揉成丸子。

3.米酒放入锅内，加入冰糖和300毫升水，大火烧开。

4.将糯米丸子放入锅里，用锅铲轻轻划散开，中火慢慢煮至丸子浮起即可。

制作要点：
制作时要保证所用容器清洁，不得粘油，还要不断地划动，避免丸子粘到一起。

TIPS

米酒发酵产生的酶类、活性物质和B族维生素有利于乳腺发育，还含有能促进女性胸部细胞丰满的天然激素分泌，其酒精成分也有助于改善胸部血液循环，帮助罩杯升级。

简单按摩让你能"胸"涌澎湃

太平公主们看过来，简单按摩让你也能"胸"涌澎湃。首先，把乳头往中央靠拢，从乳房附近通过下侧往中央按摩，从胸部垂直地由下往上、两手交互移动，并向上轻轻按摩。按摩时最好涂点乳液，也可以使用丰胸精油，但要注意选择正品。

另外，要注意抓住丰胸佳期。月经来的第11、12、13这3天是丰胸的最佳时期，第18、19、20、21、22、23、24为次佳时期。因为在这10天当中，影响胸部丰满度的卵巢动情激素24小时等量分泌，因此是激发乳房脂肪增厚的最佳丰胸时期，所以，这10天你可以多吃有丰胸功效的食物，并坚持每天按摩几分钟，你的胸部也可以UP起来！

且妖且娆，吃出来的魔鬼身材

瘦臂

有很多女性朋友其实体重并不重，可手臂上的赘肉很多，所以总给人一种肥肥的感觉。而且手臂上的赘肉一旦形成之后，就很难瘦下来，所以，瘦臂更像是一项全面的减肥行动。如果你不想遭遇被所有时装设计师抛弃的命运（因为夏季时装中袖子是设计师最先剪掉的部分），你最好从现在起就开始瘦臂计划：饮食+运动。

茄汁嫩豆腐

食材热量表（单位：每100克）

食材	热量
豆腐	81千卡（339千焦）
番茄	19千卡（79千焦）
干贝	264千卡（1105千焦）

材料：

嫩豆腐1块（约200克），番茄两个（100克），干贝20克，盐、糖、香菜、水淀粉各适量。

做法：

1.将干贝用清水浸发，然后撕成丝状；番茄切碎。

2.嫩豆腐小心切片，摆盘后放入蒸锅里大火蒸2分钟，取出，倒掉盘里的水。

3.锅置火上，放油烧热，放入番茄，加盐翻炒片刻，然后倒入干贝，放糖和半碗水，盖上锅盖焖1分钟，然后放进切碎的香菜，用水淀粉勾芡。

4.把汁水倒在蒸好的嫩豆腐上面即可。

制作要点：

豆腐不要蒸太长时间，水开后蒸2分钟即可，以保持豆腐的鲜嫩。

TIPS

豆腐是高蛋白低脂肪的食品，它能增加饱腹感，特别适合腹部需要减肥的女性食用。番茄和香菜都有助于消化，有排除积胃内脂肪的作用。

且妖且娆，吃出来的魔鬼身材

蒜香萝卜黄瓜丝

食材热量表（单位：每100克）	
萝卜	21千卡（88千焦）
黄瓜	15千卡（63千焦）

材料：

黄瓜100克，萝卜100克，蒜1瓣，盐、生抽、白醋、香油、辣椒油各适量。

做法：

1.黄瓜和萝卜分别洗净，切丝。

2.将黄瓜丝和萝卜丝放入容器内，加入适量盐，拌匀，放置15分钟，沥水。

3.蒜瓣切碎放入黄瓜、萝卜丝中，再加入白醋、香油、生抽和辣椒油拌匀即可。

美颜一点通：

萝卜种类繁多，常见有红萝卜、青萝卜、白萝卜、水萝卜和心里美等，你可以根据自己的喜好随意选择，瘦身效果不相上下。

TIPS

　黄瓜有清凉、解渴和利尿作用，一直是美容减肥佳品；萝卜中的B族维生素和钾、镁等矿物质可促进胃肠蠕动，有助于体内废物的排出。经常食用萝卜可以有效减少体内多余的水分，对瘦臂和瘦腿均有较好的作用。

水果沙拉

食材热量表（单位：每100克）

香蕉	91千卡（381千焦）
苹果	52千卡（218千焦）
猕猴桃	56千卡（234千焦）

材料：

香蕉、苹果、猕猴桃各100克，酸奶300毫升。

做法：

1.将苹果洗净，把核挖出来，然后切成片。

2.猕猴桃削皮，切片。

3.香蕉去皮，对半切成两条。

4.按自己喜欢的样子摆盘，浇上酸奶即可。

材料变变变：

水果的品种可以根据自己的喜好选择，常见的具有减肥功效的水果有苹果、猕猴桃、柠檬、李子、樱桃、草莓、柑橘等。除水果外，还可以加入一些可以生吃的蔬菜，如西红柿、生菜等。

瘦身小提醒：

这道水果沙拉最好在餐前1小时食用。

三样具有瘦身功效的水果和美味的酸奶进行巧妙的搭配，一盘色彩斑斓营养丰富的瘦身沙拉就产生了，味道可是酸甜脆爽哦。经常吃这款菜，可以瘦臂瘦腿。

且妖且娆，吃出来的魔鬼身材

山药白玉丸

TIPS

　　山药含有多种微量元素，尤其钾的含量较高，对消除手臂和腿脚部的浮肿很有帮助。山药不含脂肪却含足够的纤维，食用后容易产生饱腹感，是一种天然的纤体美食。

材料：

山药100克，熟江米粉（糯米粉）40克，红辣椒1个（约30克），西兰花少量，盐、胡椒粉、海鲜粉各适量。

做法：

1.山药洗净上锅蒸熟；西兰花焯熟；红辣椒洗净，切丝。

2.将熟山药去皮，切小块，捣碎成泥。

3.在山药泥中放入盐、胡椒粉、海鲜粉、熟江米粉拌匀。

4.取少量山药泥揉成球状，在熟江米粉中滚一下，码盘，摆上西兰花和辣椒丝即可。

青豆玉米胡萝卜丁

食材热量表（单位：每100克）	
青豆	123千卡（515千焦）
玉米	106千卡（444千焦）
胡萝卜	37千卡（155千焦）
火腿肠	212千卡（887千焦）

TIPS

玉米、青豆、胡萝卜都有减肥的功效，三者合用，加上增鲜的火腿，使得这道菜既美观又营养，常吃还能瘦身。

材料：

玉米粒100克，青豆100克，胡萝卜100克，火腿肠1根（约30克），盐和鸡精各适量。

做法：

1.将胡萝卜洗净，切丁；火腿肠切丁，大小同胡萝卜丁；青豆和玉米粒分别洗净。

2.锅置火上，放油烧热，放入玉米粒、青豆、胡萝卜和火腿肠，加盐翻炒一会，加鸡精拌匀出锅。

制作要点：

如果有兴趣可以做一个番茄盅，然后将做好的青豆玉米胡萝卜丁放入盅内。方法是：洗净的番茄用刀横切，将其顶部除去，然后将番茄挖空，并用刀沿边口削出小三角，修饰成锯齿状。

且妖且娆，吃出来的魔鬼身材

蔬果瘦身菜

食材热量表（单位：每100克）	
胡萝卜	37千卡（155千焦）
西兰花	33千卡（138千焦）
紫甘蓝	22千卡（92千焦）
荸荠	59千卡（247千焦）

材料：

胡萝卜50克，西兰花50克，紫甘蓝50克，荸荠50克，嫩姜1块，盐、鸡汤、水淀粉各适量。

做法：

1. 将胡萝卜洗净切条；西兰花顺茎切开；紫甘蓝切丝；荸荠洗净，去皮，切圆片；嫩姜切棱形。
2. 锅内加入适量清水，烧开，加盐，放入西兰花焯一下，捞出沥干。
3. 锅置火上，放油烧热，放入姜、胡萝卜、荸荠，翻炒至半熟，加入紫甘蓝丝，略炒，加入西兰花，再略炒，最后加入鸡汤，用水淀粉勾芡即可。

TIPS

荸荠营养丰富，含有蛋白质、糖类、脂肪，以及多种维生素和钙、磷、铁等矿物质。胡萝卜、西兰花、紫甘蓝都是含有丰富纤维素的绿色蔬菜，其瘦身效果明显。加入鸡汤，能够提味增鲜。

香煎土豆饼

食材热量表（单位：每100克）

土豆　　　104千卡（435千焦）

鸡蛋　　　144千卡（602千焦）

材料：

土豆400克，鸡蛋2个，黄油80克，面粉15克，盐、胡椒粉适量。

做法：

1.土豆洗净蒸熟后去皮捣烂，加入磕开的鸡蛋、面粉和溶化的黄油30克拌匀，再加入盐、胡椒粉调好味搅拌成土豆泥。

2.将调好味的土豆泥团成一个个小圆饼状。

3.平底锅置火上，加入余下的黄油，用中小火将土豆饼煎至两面焦黄即可。

制作要点：

建议用打蛋器来调面糊，可以使面糊更均匀细滑，无面粉疙瘩。另外，不要倒入太多面糊，以免土豆饼太厚，难以煎熟透。

TIPS

土豆含水量高达70%以上，淀粉含量不超过20%，脂肪含量只有0.1%，还含有能够产生饱腹感的膳食纤维，非常适合手臂肥肉较多的女性食用。

赶走俏臂小肥肉

科学饮食结合一些瘦臂动作，可以更好地修炼出纤纤玉臂。下面介绍两个瘦臂小妙方，坚持练习，手臂上的肥肉会越来越少！

1.矿泉水妙方

方法：一只手握住矿泉水瓶，向前伸直，然后向上举，贴紧耳朵，尽量向后摆臂4～5次。

然后缓缓往前放下，重复此动作15次。每天做45次左右。

2.扩胸妙方

方法：身体站直，双脚打开约与肩同宽，手臂向两旁打开伸平，慢慢地向前划圈。这样做可以使手臂外上侧的肌肉结实。

然后，身体站直，双脚打开约与肩同宽，手臂向两旁打开伸平，慢慢地向后划圈。这样做可以使手臂内侧以及胸部的肌肉结实。

且妖且娆，吃出来的魔鬼身材

瘦腰

女性的"Ƨ"曲线，中间最重要的是腰围，它是三围的核心，只要腰围小，即使胸不是很大，臀也不够翘，也依然会显得苗条健美。

腰上的脂肪一旦形成就很顽固，很难减掉。不过只要你会吃并"能"吃，找回"小蛮腰"就不是梦。

五彩鸡丝

食材热量表（单位：每100克）

- 鸡胸肉　　133千卡（556千焦）
- 红椒　　　32千卡（134千焦）
- 黄瓜　　　15千卡（63千焦）
- 西芹　　　14千卡（59千焦）
- 紫甘蓝　　22千卡（92千焦）

材料：

鸡胸肉70克，红椒1只，黄瓜1条，西芹和紫甘蓝各30克，蛋清、黑胡椒粉、盐、料酒、淀粉各适量。

做法：

1.将鸡胸肉洗净切丝，加入蛋清、淀粉、黑胡椒粉和料酒拌匀；将所有蔬菜洗净，切丝。

2.锅置火上，放油烧热，放入红椒丝略炒，加入鸡肉丝，划散。

3.待鸡肉九成熟，放入西芹翻炒至鸡肉全熟。

4.然后加入黄瓜丝、甘蓝丝，翻炒均匀，加盐即可出锅。

材料变变变：

这道菜里所用的蔬菜可以根据个人的喜好随意替换，如将红椒替换成青椒，将黄瓜替换成胡萝卜，将西芹或紫甘蓝替换成香菇等。

TIPS

鸡胸肉是鸡肉中热量最低的部分，去皮的鸡胸肉具有低脂肪、低热量的特点，肉质也更爽口香嫩；西芹有促进口腔活动的功能，还有钾元素，能有效减少身体的水分积聚。这道菜是十分理想的瘦腰美食。

且妖且娆，吃出来的魔鬼身材

三丝卷

食材热量表（单位：每100克）

食材	热量
春卷皮	333千卡（1393千焦）
绿豆芽	18千卡（75千焦）
紫甘蓝	22千卡（92千焦）

材料：

春卷皮3张（30克），绿豆芽100克，紫甘蓝75克，大片紫菜10克，甜辣酱（台式）10毫升，盐少许。

做法：

1.将绿豆芽、紫甘蓝洗净；绿豆芽放入沸水中汆烫后捞出，沥干；紫甘蓝切丝；大片紫菜卷起，剪成细丝。

2.将盐分别加到绿豆芽、紫菜和紫甘蓝丝中拌匀。

3.摊开春卷皮，将适量豆芽、紫甘蓝、紫菜丝一层一层地码上，卷起。

4.装盘，淋上台式甜辣酱即可。

制作要点：

春卷皮超市可以买到现成的，也可以自己动手做。做法是：面粉调成稠面糊，然后摊入抹了油的平底锅中，随即用平铲刮平并成圆饼状，数秒钟后面皮的外缘就会向内卷起，轻轻一揭，一张春卷皮就大功告成了。

TIPS

绿豆芽热量低，低脂肪，水分含量高。紫甘蓝在减肥食物里可是"名列前茅"，它含丰富维生素A及维生素B，更有大量纤维素，可以帮助清除肠胃垃圾，再加上低脂肪、低热量的绿豆芽，可以有效去除腰、腹部脂肪。

冬瓜赤豆汤

材料：

冬瓜500克，赤豆30克。

做法：

1.将冬瓜去皮，洗净，切成片；赤豆洗净，用清水浸泡30分钟。

2.将冬瓜、赤豆放入锅中，加入适量清水，煮汤。不加盐或加少许盐食用。

制作要点：

如果喜欢吃煮得软烂一点的赤豆，可以将赤豆浸泡一晚，或先将赤豆煮至半熟再放入冬瓜同煮。

材料变变变：

这道汤里的赤豆可以用玉米、海带、藕等代替。

TIPS

　　冬瓜性寒，能养胃生津、清降胃火，使人食量减少，促使体内淀汾和糖转化为热能，而不变成脂肪。赤豆含有较多的膳食纤维，具有良好的润肠通便、降血压、降血脂、健美减肥的作用。

燕麦片牛奶粥

食用指导：
如果喜欢燕麦甜品，可以加入少许蜂蜜调服。蜂蜜可以消除人体内的垃圾，使人体恢复原来的新陈代谢功能。

材料：
燕麦片50克，牛奶1杯。

做法：
1.将燕麦片放入锅内，加适量清水，烧开，搅拌煮至熟软。
2.再加入牛奶稍煮开即可。

TIPS

燕麦可以有效地降低人体中的胆固醇，经常食用，具有降脂和减肥作用。

制作要点：
宜选用口感幼滑的麦片，不应有较粗纤维，有则应滤去。

荷叶薏米粥

食材热量表（单位：每100克）

薏米　　357千卡（1497千焦）

粳米　　346千卡（1448千焦）

陈皮　　278千卡（1162千焦）

材料：

荷叶（可用鲜荷叶1张）、陈皮各10克，薏米、粳米各15克。

做法：

1.将荷叶洗净撕碎，放入锅中，加适量清水，煮约15分钟，去渣取汁。

2.将薏米、粳米分别洗净，放入锅中，加入荷叶汁和适量清水，再加入陈皮，大火煮沸后转小火熬煮成粥。

制作要点：

做这道粥时也可以先煮粥，待粥将好时放入荷叶稍煮，注意不要一开始就将荷叶直接放入锅中与米一起煮，以免成分挥发。

TIPS

荷叶气味清香，能化湿去脂；薏米健脾除湿，能促进脂肪燃烧。两者配合减肥功效很明显。

且妖且娆，吃出来的魔鬼身材

鲜拌三皮

食材热量表（单位：每100克）

食材	热量
西瓜皮	39千卡（163千焦）
黄瓜皮	15千卡（63千焦）
冬瓜皮	11千卡（46千焦）

材料：

西瓜皮200克，黄瓜皮200克，冬瓜皮200克，盐、味精各适量。

做法：

1.将西瓜皮刮去蜡质外皮。

2.冬瓜皮刮去茸毛外皮。

3.将西瓜皮、冬瓜皮与黄瓜皮一起，入沸水锅中氽烫一下。

4.待冷却后切成条状，放入盐、味精，装盘食用。

美颜一点通：

剩下的西瓜和黄瓜可以榨汁食用，也可以用来做面膜。制作方法是将黄瓜和西瓜再加一个番茄切小块，用榨汁机榨汁，冷藏10分钟，浸泡入面膜纸即可用来敷脸。这款面膜适合各种肤质，且能美白、滋润皮肤，可帮助有效修复晒后受损的肌肤。

TIPS

冬瓜皮（去掉硬质外皮）和赤小豆是减肥的最佳食物，可经常食用，具有清热利湿减肥的功效。

生菜豆腐包

食材热量表（单位：每100克）

豆腐	81千卡（339千焦）
生菜	15千卡（63千焦）

材料：
豆腐100克，生菜100克，小葱叶少许。

做法：
1.豆腐压成豆腐泥，加入蚝油，拌匀备用。

2.生菜叶、小葱叶洗净，入沸水中汆烫一下，先捞出小葱叶，稍后再捞出生菜叶，并一起放进凉水里过一下，沥水。

3.将豆腐泥分成数分，一个一个放入菜叶中，将菜叶拢起，取小葱叶将其捆扎。

4.捆扎好的豆腐包放入蒸格中，中火蒸制5~6分钟，取出装盘即可。

材料变变变：
这里的生菜也可用卷心菜叶代替。

TIPS

豆腐热量低，含矿物质丰富，植物性蛋白质含量也高，有助于排出体内多余水分，提高消化功能，且吃进肚里易饱经饿，对瘦腰尤其有效。

且妖且娆，吃出来的魔鬼身材

简单瘦腰：擀面杖"擀"走腰部肉肉

拿出家里的擀面杖，在腰部赘肉囤积的地方像擀面一样来回滚动，时间以30分钟为宜。这样做可以让脂肪受到挤压，提高血液循环量，使被按摩的部位温度提高，从而加速脂肪代谢。但是需要注意的是，别为了要减掉肉而用力过猛哦，否则容易造成伤害。

瘦腹

小肚子是老、中、青各个年龄阶层女性的"心腹大患"，严重点的叫"游泳圈"，轻微点的叫"门前三包"。不管是哪一种，听着总让人觉得尴尬又苦恼。要"摆平"小肚腩，主要还是要靠饮食，虽然说大部分人长小肚子是因为吃得过多、吃得过好而消耗又少引起的，但这并不意味着不吃不喝就一定会让小肚子和你SAY BYE-BYE。

所谓吃得少不如吃得巧。计算卡路里、观察分量、尽量不吃垃圾食品的确是平坦小腹的金科玉律，但若你还可以适当多吃一些"瘦腹"食品的话，相信不用多久，你就能告别腹部赘肉，做个窈窕美人。

豆腐牛奶汤

材料：

豆腐200克，牛奶200毫升，糖1小匙，葱花、味精、盐各少许。

做法：

1.将豆腐切块放入锅中，加入牛奶和适量清水。

2.锅置火上，大火烧沸后，依个人口味加入调味料即可。

食用指导：

第一天只能喝豆腐牛奶汤，只喝豆腐牛奶汤减肥时，一定要注意每天所摄取的食物热量不能低于1000大卡（卡路里）。从第二天开始加入黄瓜或者西红柿等水果蔬菜，增加膳食纤维的含量，加速新陈代谢，这时你就明显地感觉小腹平了很多。

TIPS

吃豆腐容易有饱腹感，而豆腐含有的植物性微量元素极其丰富，有助于排出多余水分，提高消化功能，特别是针对腹部的脂肪尤其有效。搭配高钙牛奶，对保持好身材是非常有益处的。

且妖且娆，吃出来的魔鬼身材

竹笋银耳汤

食材热量表（单位：每100克）

食材	热量
竹笋	19千卡（79千焦）
银耳	200千卡（837千焦）
鸡蛋	144千卡（602千焦）

材料：

竹笋300克，干银耳20克，鸡蛋1个，盐适量。

做法：

1.先将竹笋洗净；干银耳用水泡发去蒂；鸡蛋磕入碗中，搅打起泡。

2.锅中放入适量清水，大火煮沸，放入竹笋、银耳，用小火烧5分钟，再倒入鸡蛋液，加盐调味即可食用。

食用指导：

每次午、晚餐前先喝汤吃料，也可直接当减肥餐食用。

TIPS

竹笋能祛湿利水；银耳有利宿便排出，是消除腹壁脂肪的最佳食物，还能收到润肺养颜的功效。

海带萝卜汤

材料：

萝卜300克，海带100克，鸡肉适量，盐、胡椒粉、酱油、醋各少许。

做法：

1.将萝卜削皮切成小块；海带洗净，切成细片；鸡肉洗净，入沸水锅中汆烫后取出，切丝。

2.将萝卜、海带一同放入锅中，加适量清水，同煮成汤，在汤中加盐和醋，再加鸡肉丝、胡椒粉及酱油即可。

食用指导：

每次午、晚餐前先喝汤吃料，也可直接当减肥点心食用。

材料变变变：

这里的萝卜可以选用胡萝卜，胡萝卜可以去除腥味，添加甜度。

TIPS

凡因贪食肉类、面类及糕点而导致消化不良、长小肚子的人群，可吃萝卜消除积滞及清理肠胃，有助于消除腹部赘肉。

且妖且娆，吃出来的魔鬼身材

赤小豆鲤鱼汤

食材热量表（单位：每100克）

鲤鱼　　109千卡（456千焦）

赤小豆　309千卡（1293千焦）

材料：

鲤鱼1条，赤小豆100克，陈皮、花椒、草果各7克，葱、姜、胡椒粉、盐、鸡汤各适量。

做法：

1.将鲤鱼收拾干净，切块；赤小豆、陈皮、花椒、草果洗净，与鱼一起放入砂锅中。

2.另加姜、胡椒粉、盐，倒入鸡汤，煲1.5小时左右，鱼熟后撒上葱花即可。

制作要点：

干的赤小豆比较硬，必须在煮汤前用温水泡透。

TIPS

　　鲤鱼被中医认为是减肥的上品，有益气健脾、利水化湿、消脂之功效。赤小豆也是中药里利水之物，两者相配，共行健胃醒脾、化湿利水、消脂减肥的功效。

菠萝豆腐汤

食材热量表（单位：每100克）

菠萝　　　　41千卡（172千焦）

内酯豆腐　49千卡（205千焦）

材料：

菠萝100克，内酯豆腐100克（超市有售），盐、糖、鸡精、水淀粉各适量。

做法：

1.将菠萝去皮，切成小块放入盐水中浸泡10分钟后备用。

2.内酯豆腐从盒中取出，切丁备用。

3.锅中加水，放入豆腐丁，煮开后再加入菠萝一起煮，加盐、糖、鸡精调味，出锅前用水淀粉勾芡即可。

TIPS

菠萝减肥的秘密在于它丰富的果汁能有效地分解脂肪，特别是能帮助人体消化肉类的蛋白质，减少了人体对脂肪的吸收。菠萝和豆腐搭配，吃起来酸甜爽口，且减肥效果更佳。

且妖且娆，吃出来的魔鬼身材

紫苏蒸茄子

食材热量表（单位：每100克）	
茄子	21千卡（88千焦）
紫苏	174千卡（727千焦）

材料：

茄子300克，紫苏10克，葱、蒜、盐、剁辣椒、生抽各适量。

做法：

1.将各原料洗净；茄子切成3~4厘米长段，放盐拌匀；紫苏去老叶梗；葱切成葱花，蒜剁成蓉备用。

2.茄子腌制5分钟后，一条条摆入盘中，放入电饭煲内蒸熟(或隔水用大火蒸熟)。

3.蒸茄子的同时准备浇汁，油热至七八成，加入蒜蓉爆香，再加入剁辣椒、紫苏、葱花及盐，翻炒出香味，最后，锅内加入小半碗冷水，与各调料一起煮沸，再淋入生抽。

4.茄子蒸熟后，淋上浇汁即可。

TIPS

茄子中所含的皂草苷具有降低血液胆固醇的效能，常吃茄子，可使血液中胆固醇不致增高，还不易发胖。此款菜以蒸为主，最大程度保留了茄子的各种营养，配以紫苏，能改善便秘、腰痛、皮肤松弛等症状。

香菇烩菜心

香菇烩菜心

食材热量表（单位：每100克）
- 香菇　　　19千卡（79千焦）
- 菜心　　　25千卡（105千焦）
- 胡萝卜　　37千卡（155千焦）

材料：

菜心200克，鲜香菇60克，胡萝卜10克，蒜末、盐、生抽、胡椒粉、蚝油、水淀粉各适量。

做法：

1.将菜心洗净去根茎；香菇和胡萝卜用热水焯后备用。

2.锅置火上，放油烧热，放入蒜末爆香，放入菜心、香菇和胡萝卜末炒匀，淋上生抽调味，加入水淀粉，再加盐、蚝油和胡椒粉调味后，稍炒即可。

TIPS

腹部脂肪较厚的人多吃香菇，有一定的瘦腰效果。菜心含丰富的纤维素，可以促进消化，多吃可使小腹逐渐平坦。

且妖且娆，吃出来的魔鬼身材

排除宿便，和胀鼓鼓的小腹说byebye

宿便是很多人的烦恼，它不仅会导致小肚子鼓起来，非常难看，而且还会引起色斑、痘痘等皮肤问题。现在快来给你的肠子洗洗澡吧！

1.手握成拳头，以骨节为接触点。在肠道的位置以顺时针的方向画圆按摩。

2.以手掌为接触面，从肋骨两边开始，往肚脐下方推按，形成一个三角形的运动线路。

3.双手从心脏处开始，交换往下按摩，一直到腰部。

4.盘坐并保持上半身直立，双手置于背后，从腰部尽量向上推。

以上每个动作连续重复10次以上，坚持10分钟左右，早晚练习效果更佳。注意切忌饭后2小时内做。

瘦臀

臀部是身材的隐形敌人。如果你的臀部丰挺、结实，就自然会彰显出你腰部的纤细，与此同时，腿部也会相对显得修长。可见臀部的保养是非常重要的。

尽管很多人知道臀部的丰挺、结实更能显现出身材的完美，可是许多臀部赘肉较多的女性朋友却不知道有什么好的方法可以瘦臀美臀。

其实想快速瘦臀可以从饮食、运动等方法入手。说到瘦臀的食物，也就是指一些能帮助脂肪代谢以及消除水肿的食物，常吃这类食物，对于臀部赘肉较多的女性朋友来说是非常有益的，而且这类食物多半具有润泽肌肤的功效，多吃可以一举数得。

玫瑰西芹

且妖且娆，吃出来的魔鬼身材

食材热量表（单位：每100克）

西芹	14千卡（59千焦）
白果	355千卡（1483千焦）

材料：
西芹300克，白果10克，玫瑰花6～8朵，盐、鸡精、姜丝各适量。

做法：
1. 玫瑰花用80℃左右纯净水冲泡；白果用温水浸泡。
2. 西芹去叶洗净，斜刀切片。
3. 锅置火上，放油烧热，放入姜丝爆香，倒入西芹和白果翻炒3～5分钟后加盐和鸡精调味。
4. 倒入准备好的玫瑰水稍加翻炒出锅，玫瑰花做装饰即可。

TIPS

西芹含有高纤维，可清肠利便；大量的钙质和钾可减少身体的水分积聚，减轻臀和腿部肿胀。玫瑰具有疏肝解郁的作用，可促进新陈代谢，强效去脂。

菠菜蛋卷

食材热量表（单位：每100克）

鸡蛋　　144千卡（602千焦）

菠菜　　18千卡（75千焦）

材料：

鸡蛋1个，菠菜叶50克，盐、香油各适量。

做法：

1.将鸡蛋磕入碗中，搅打成液。

2.不粘锅置火上，刷上薄薄一层植物油，倒入鸡蛋液摊成蛋饼，取出，用厨房纸巾吸走蛋饼两面的油分。

3.菠菜叶洗净，放进开水里焯一下，捞出沥水，然后剁成菠菜泥，挤去多余的水分，加入盐和香油拌匀。

4.将拌好的菠菜泥放到蛋饼上，卷起、切段装盘即可。

食用指导：

这个菠菜蛋卷蘸番茄酱吃口感更好。

TIPS

钾质能够促进体内新陈代谢，排除体内多余的水分。菠菜因为含有丰富的钾，也是瘦身的好朋友，对臀部和腿部浮肿的人来说非常适合。

木耳冬瓜汤

食材热量表（单位：每100克）

木耳　　　21千卡（88千焦）

冬瓜　　　11千卡（46千焦）

材料：

冬瓜500克，木耳10克，生姜适量，盐、蘑菇精、香油各适量。

做法：

1.将冬瓜去皮、瓤及籽，切片；木耳放水中泡好，撕成小朵；生姜洗净，拍松。

2.锅中倒入适量的水，放入冬瓜，煮3~5分钟，再放入木耳，加热约3分钟，再加入生姜，最后用蘑菇精和盐调味。

3.将汤盛入汤碗中，淋入香油即可。

制作要点：

如果家里有虾米，可以放入一点，再加点香菜，营养与美味都会加分。

TIPS

冬瓜有利水消肿的功效，能排除体内多余的水分，可营造纤瘦健美的臀部曲线。木耳含铁丰富，常吃能养血驻颜，令人肌肤红润，容光焕发。两者合用，美容美体效果俱佳。

且妖且娆，吃出来的魔鬼身材

金银豆腐

食材热量表（单位：每100克）	
豆腐	81千卡（339千焦）
油豆腐	244千卡（1021千焦）
草菇	23千卡（96千焦）

材料：

豆腐150克，油豆腐100克，草菇（罐头装）20只，香葱2根，酱油、白糖、香油、水淀粉各适量。

做法：

1. 将豆腐与油豆腐均切为2厘米见方的小块；香葱洗净，切成葱花。

2. 锅中加水，待沸后加入豆腐、油豆腐、草菇、酱油、白糖等，共煮10分钟左右，加水淀粉浆勾芡盛入碗中，滴入香油，撒上葱花即可。

制作要点：

嫩豆腐可先入沸水锅煮，去其部分豆腐浆水，使其不碎。

TIPS

豆腐油炸上色即称"金豆腐"，与白煮的"银豆腐"相搭配，色形美观；豆腐甘咸，热吃微温，且含有丰富的蛋白质，适合所有减肥者，尤其是臀部赘肉较多导致臀部下垂者食用。

红薯糙米粥

材料：

红薯1个，牛奶1杯，糙米100克。

做法：

1.将红薯清洗干净，去皮，切成小块。

2.将糙米内的杂质淘洗干净，用冷水浸泡半小时，沥去水分。

3.将红薯块和糙米一同放入锅内，加入冷水用大火煮开，转至小火，慢慢熬至粥稠米软。

4.根据自己的喜好加入牛奶，再煮沸即可。

TIPS

糙米富含钾和膳食纤维，红薯也含有丰富的膳食纤维，两者煮粥，可促进细胞新陈代谢和肠道蠕动，防止臀部肥胖下垂。

南瓜饭

食材热量表（单位：每100克）

南瓜　　22千卡（92千焦）

香米　　346千卡（1448千焦）

制作要点：

所选择的南瓜最好是日本南瓜而不是西洋南瓜（日本南瓜的热量为西洋南瓜的2/3）。

材料：

小南瓜1个，香米150克，葡萄干50克，蜂蜜适量。

做法：

1.小南瓜去顶，切下来的部分不要扔，备用，并从上面把瓤挖干净。

2.香米淘洗干净，铺一层在掏空了瓤的南瓜里，上面铺一层葡萄干；再铺米，再铺葡萄干……到南瓜约一半的容积就可以了。

3.加适量清水（灌满南瓜），将切下来的顶盖在南瓜上，用牙签固定。

4.将整个南瓜放入蒸锅中蒸煮，待米饭熟透，起南瓜盖，淋入蜂蜜即可。

材料变变变：

可以根据自己的喜好随意加入五谷杂粮，或做成南瓜杂饭，将香米换成燕麦、紫米、糙米、薏米等均可。

TIPS

　　食用南瓜，可以帮助消化吸收，且南瓜中含有的不饱和脂肪酸对减肥很有帮助。南瓜与多种粗粮搭配，符合平衡膳食的营养原则，可以调理肠胃，具有排毒的功效。

芹菜肉末粥

食材热量表（单位：每100克）

食材	热量
芹菜	14千卡（59千焦）
瘦肉	143千卡（598千焦）
大米	346千卡（1448千焦）

材料：

大米80克，猪瘦肉30克，芹菜50克，盐、鸡精、酱油各适量。

做法：

1.将大米淘洗干净，放入锅中，加入适量清水，熬成大米粥待用。

2.猪瘦肉洗净，剁成末，用酱油和少许食用油拌匀；芹菜洗净，切成末。

3.锅置火上，放油烧热，放入肉末炒散变色之后，放入芹菜煸炒，倒入大米粥搅拌均匀，开锅后煮5分钟，加入盐、鸡精调味即可。

TIPS

1.剩下的芹菜叶子可以用沸水汆烫后沥干水分，加入橄榄油、盐、醋、白糖，然后撒上芝麻拌匀，配粥食用。

2.由于芹菜中富含水分和纤维素，并含有一种能使脂肪加速分解、消失的化学物质，因此是减肥的最佳食品。

目妖且娆，吃出来的魔鬼身材

每晚10分钟，美丽翘臀不再是梦

以下两招针对臀部肌肉的练习方法，坚持锻炼，就会练出美丽的翘臀！一些长时间坐着工作、臀部肌肉难以得到充分锻炼的女性朋友，不妨每晚抽出10分钟来锻炼一下吧。

提臀操一：

1.身体采跪立姿势，双手打开与肩同宽放置地面。

2.左边膝盖尽量移往胸部方向停5秒，再慢慢往上举起（大小腿呈90度），停5秒后放下。重复30次后再换边进行。

提臀操二：

1.仰躺、双脚屈膝，双手自然贴地与肩同宽。

2.腹部收缩、臀部夹紧往上抬，吸气，停5秒后放下吐气。重复30次。

瘦腿

　　形体美，缺不了一双修长纤细的明星腿，不少女性常常抱怨双腿先天不够修长，平时又工作忙碌、生活步调紧凑，常常抽不出空来运动，使得原本不够修长的双腿囤积了很多脂肪，显得更加粗短。为了拥有一双美腿，她们节食，用各种瘦身产品，但效果始终不能令人满意。

　　其实我们身边很多常见的食物都含大量美腿所需的营养成分，从今天开始，为自己制定一个美腿计划，然后把这些食物购回家，马上开始你的美腿倒计时吧！

红豆薏米西瓜粥

食材热量表（单位：每100克）

食材	热量
西瓜	25千卡（105千焦）
红豆	309千卡（1293千焦）
薏米	357千卡（1497千焦）

材料：
西瓜1个，红豆和薏米各50克，冰糖适量。

做法：
1.把西瓜洗净，在1/6处削盖，其上下划成齿形，挖出瓜瓤，取汁。
2.将红豆和薏米提前泡好，然后放入锅中，加入适量清水和冰糖，煮成粥。
3.待粥好后加入适量西瓜汁，一同放入西瓜盅中，放蒸锅中稍蒸即可。夏天可放入冰箱冰镇后食用。

制作要点：
泡红豆和薏米最好用开水，比用冷水泡做出的粥细滑，如果不着急喝，可以泡上一个晚上。

TIPS

西瓜含钾丰富，可以起到修饰双腿线条、塑造腿部肌肉的作用。红豆薏米粥含有多种维生素和矿物质，对消除腿部水肿和预防下身肥胖有很好的帮助。

且妖且娆，吃出来的魔鬼身材

木瓜鲩鱼尾汤

食材热量表（单位：每100克）

- 木瓜　　27千卡（113千焦）
- 鲩鱼　　113千卡（473千焦）

材料：

木瓜1个，鲩鱼尾100克，生姜2片，盐少许。

做法：

1.将木瓜削皮切块；鲩鱼尾清理干净。

2.锅置火上，放油烧热，放入鲩鱼尾略煎片刻。

3.加入木瓜及生姜片，放入适量清水，共煮1小时左右，最后加入少许盐调味即可。

材料变变变：

这里用的鲩鱼就是草鱼，若你不喜欢吃这种鱼，也可以选择其他的鱼，或不用鱼尾，用整条鱼也可以。

TIPS

吃了太多的肉，脂肪容易堆积在下半身。木瓜里的蛋白分解酵素、番瓜素可帮助分解脂肪，减低胃肠的工作量，让肉感的双腿慢慢变得纤细修长。

米醋圆白菜

食材热量表（单位：每100克）

圆白菜　　22千卡（92千焦）

芹菜　　　14千卡（59千焦）

材料：

圆白菜100克，芹菜50克，米醋1大匙，白糖和盐各少许。

做法：

1.将圆白菜和芹菜分别择洗干净，圆白菜切成细丝，芹菜切成小段备用。

2.将切好的圆白菜和芹菜放入大碗中，淋上搅拌过的米醋，加入白糖和盐调味即可。

食用指导：

晚餐吃一份圆白菜，再吃点燕麦粥或者其他粗粮即可。

TIPS

　　圆白菜含有丰富的β胡萝卜素、维生素C、钾、钙，β胡萝卜素及维生素C都能美肤，钙能强健骨骼；芹菜健胃顺肠，助消化，对消除下半身浮肿、修饰腿部曲线有至关重要的作用。

雪菜豆腐汤

瘦身小提醒：
你可以烹制各种各样的豆腐，如凉拌、红烧、炖煮等。而且豆腐家族的品种也是层出不穷，除了传统的豆浆、豆腐脑、豆腐干等，现在更有新品种的豆腐，比如可口的豆腐冰淇淋（可在酷热的夏季适量食用）。

材料：
豆腐200克，雪里蕻100克，盐、葱花、味精各适量。

做法：
1.将豆腐入沸水锅中稍焯后切为1厘米见方的小丁；雪里蕻洗净切丁。
2.锅置火上，放油烧热，放入葱花煸炒，炒至出香味后放适量水，待水沸后放入雪里蕻、豆腐丁，改小火炖15分钟，加盐、味精调味即可食用。

TIPS

豆腐是很好的减肥食物，将豆腐加入你的瘦身食谱中，每周执行3次便能健康享"瘦"。

牛奶香蕉芝麻糊

食材热量表（单位：每100克）

香蕉　　91千卡（381千焦）

芝麻　　517千卡（2163千焦）

玉米面　341千卡（1427千焦）

材料：

香蕉2根，牛奶1杯，芝麻30克，玉米面10克，白糖适量。

做法：

1.将香蕉去皮后用勺子研碎。

2.将牛奶倒入锅中，加入玉米面和白糖，边煮边搅均匀。注意一定要把牛奶和玉米面煮熟。

3.煮好后倒入研碎的香蕉中调匀，撒上芝麻即可。

制作要点：

不能把香蕉切片就放牛奶里去，这样牛奶没有香蕉味，香蕉也没有牛奶的味道，和光吃一根香蕉喝一杯牛奶没有任何区别，香蕉最好用榨汁机搅碎。另外，所用的牛奶一定要是冰牛奶，冰牛奶味道最佳。

TIPS

芝麻含有亚麻仁油酸，可以祛除附在血管内的胆固醇，促进新陈代谢，有利于减脂瘦腿。每天吃点芝麻，会对美腿很有帮助。

且妖且娆，吃出来的魔鬼身材

莲藕炖排骨

食材热量表（单位：每100克）

食材	热量
莲藕	70千卡（293千焦）
排骨	264千卡（1105千焦）
红枣	264千卡（1105千焦）

材料：

莲藕200克，排骨150克，红枣10颗，姜2片，清汤适量，盐1小匙，白糖少许。

做法：

1.将莲藕洗净，去皮，切成大块备用；排骨剁成小块备用；红枣洗净备用。

2.锅置火上，加入适量清水，烧开，放入排骨，用中火将血水煮尽，捞出来沥干水备用。

3.将莲藕、排骨、红枣、生姜一起放进砂锅，调入盐、白糖，注入清汤，小火炖2小时即可。

制作要点：

一定不要放八角和桂皮等味道浓郁和颜色偏重的香料，否则不但汤色不好看，味道上也会让骨头和莲藕结合产生的那种神奇的香味被掩盖。

TIPS

莲藕中含有黏液蛋白和膳食纤维，能与人体内的胆酸盐、食物中的胆固醇及甘油三脂结合，使其从粪便中排出，从而减少脂类的吸收，利于减肥。

玉米汤

材料：
1~2根新鲜玉米棒。

做法：
1.将玉米棒洗净，切成小块。
2.将玉米块放入锅内，加上适量的水煮20分钟即可食用。

食用指导：
可把玉米当成中午和晚上的主食，再搭配适量的蔬菜和水果一起食用，一周后，你会发现体重在慢慢减轻。

材料变变变：
在越来越崇尚健康减肥的今天，使用粗粮减肥已经成为一种时尚。常见的粗粮有小米、黑米、燕麦、荞麦以及各种干豆类，如黄豆、青豆、赤豆、绿豆等，都可以用来代替玉米。

TIPS

玉米中含有较多的粗纤维，具有利尿效果，特别适用于水肿性肥胖。

且妖且娆，吃出来的魔鬼身材

神奇玉米须助你重塑纤纤玉腿

不起眼的玉米须可是有着塑造修长美腿的功效哦。吃玉米时把玉米须留下来，和适量薏仁一起在果汁机中打碎，装进棉袋，放入锅中加水煮20分钟，煮好的水可以用来喝，也可以放进浴缸用来洗澡或泡腿部，顺便再按摩一下小腿，坚持一段时间，一定能看到效果！

专　题

巧妙搭配，瘦身事半功倍

　　合理饮食本来是我们日常生活的一项重要内容，但在生活节奏越来越快的现代社会，要维持一个健康、合理的饮食习惯实在太难了，有的人长年不吃早餐，有的人因为工作忙碌总是饥一顿饱一顿，更有甚者，用近乎自虐的节食方式来达到减肥的目的……

　　一天三顿怎么吃？这个问题对爱美、追求美，想要瘦身又不想运动的女性来说尤为重要，其实只要能合理地安排一天三餐的饮食，你就能在瘦身的同时越来越健康，越来越美丽！

早餐是一天活力的来源

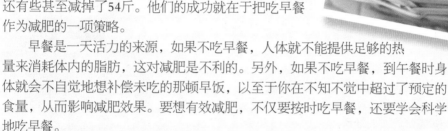

早晨的时间那么宝贵，很多人为了睡个回笼觉，或是化个精致的妆，早餐往往是能省则省。甚至还有一些人认为，省下一顿早餐可以减少热量的摄入，说不定还能帮助减肥呢！其实这种想法是不正确的。在美国国家减肥中心注册的减肥者中，习惯每天吃早餐的人都是成功的减肥者。其中78%的人坚持每天吃早餐，90%的人每周至少吃5次早餐以上，这些人一年至少减掉了27斤，还有些甚至减掉了54斤。他们的成功就在于把吃早餐作为减肥的一项策略。

早餐是一天活力的来源，如果不吃早餐，人体就不能提供足够的热量来消耗体内的脂肪，这对减肥是不利的。另外，如果不吃早餐，到午餐时身体就会不自觉地想补偿未吃的那顿早饭，以至于你在不知不觉中超过了预定的食量，从而影响减肥效果。要想有效减肥，不仅要按时吃早餐，还要学会科学地吃早餐。

早起一杯水

早晨起床后先喝杯水，不仅可以补充睡眠中自然出汗所减少的水分，而且有利于内脏苏醒。空腹喝下去的水，马上被小肠吸收，5分钟就能进入血液，让血液流通更顺畅，也有助于通便。

7点到8点吃早餐最合适

最合适的早餐时间是起床20~30分钟，因为这时人的食欲最旺盛，吸收能力也最强。另外，早餐与中餐以间隔4~5小时左右为好，也就是说早餐在7~8点之间为好，如果早餐过早，就需要将早餐的量增加或将午餐的就餐时间提前。

全麦类食物+蛋白质类食物+蔬菜和水果，早餐最佳搭配

营养健康的早餐应该包括富含纤维的全麦类食物，如糙米、全麦面包，这类食物不但营养充足，而且纤维的含量较高，除了有助于排便，也容易产生饱腹感，对控制体重有帮助。然后搭配质量好的蛋白质类食物，例如牛奶、蛋类（淀粉和蛋白质的摄取比例最好是1：1），以及蔬菜和水果，如几片黄瓜或西红柿汁。

巧妙搭配，瘦身事半功倍

瘦身早餐一：
果汁（或250毫升豆浆）+蛋白粉+火腿面包

　　这款早餐营养均衡，加入的蛋白粉能使你精力更充沛。蛋白粉中含有的植物雌激素可以降低更年期综合症（如情绪不稳、心烦、皮肤潮红、腰酸背痛等）的发病率，同时还有抗癌的作用。

果汁推荐1：甜椒苹果菠萝汁

材料：

红色或黄色甜椒半个，苹果1个，菠萝2小片。

做法：

1.苹果削皮，去核，放入榨汁机中打成汁。

2.菠萝去皮，洗净，切片，放入榨汁机中榨汁。

3.甜椒纵切，放入榨汁机中，加200毫升水，打成汁。

4.将所有纯汁混合搅拌均匀，立即饮用。

TIPS

甜椒是高维生素、低糖的蔬果，可帮助维持好身材，而苹果含有丰富的维生素C和纤维素，可以提高身体免疫力，预防便秘。

制作要点：

果汁不宜加热，以免破坏果蔬汁的口感和营养成分。如果你喜欢喝热果汁，可在榨汁时往榨汁机中加温水，或将装果蔬汁的玻璃杯放在温水中隔水加热到37℃左右。

食用指导：

果汁不宜早上空腹喝，建议先以一杯清水代替，等吃过早餐后30分钟到1小时之间再喝杯果汁。

果汁推荐2：苹果小黄瓜柠檬汁

材料：

苹果半个，小黄瓜1根，柠檬半个，冰块适量。

做法：

1.苹果去核后，切小块；小黄瓜洗净，去皮，切小块；柠檬洗净连皮切成三块。

2.冰块放进榨汁机容器内。

3.首先把柠檬放入榨汁机，压出柠檬汁，接着分别把苹果和小黄瓜放入榨汁机榨汁。

4.最后调味，以咸味为宜。

制作要点：

有些人喜欢加糖来增加果蔬汁口感，但是糖分解时，会增加维生素B群的损耗及钙和镁的流失，降低营养，同时加糖会增加热量，所以果蔬汁不应加糖。如果感觉口感不佳，可以酌量加点蜂蜜。

蛋白粉（超市有售）

食用量：

1勺（约10克）。

作用：

蛋白粉可以补充人体每天所需的蛋白质。如果上午时段将面临脑力和体力的双重负荷，不妨在早餐中添加蛋白粉，它会让人精力特别充沛。

火腿面包

可以购买西饼屋的火腿面包，也可以在家中用2片全麦面包和1片火腿片自制而成。这可是早餐不可缺少的部分。

煎蛋三明治

取1个鸡蛋煎熟，用不粘锅的话就无须放食用油。再取两片全麦切片面包，可以按自己的口味加火腿、生菜和脱脂色拉酱。

肉松三明治

用花生酱和肉松点缀三明治，可以让你的味蕾不再单调。取2片三明治面包，在其中1片上抹1小匙花生酱，再加上一点肉松(稀疏地铺满面包片)，然后将1个番茄切片夹在中间即可。

巧妙搭配，瘦身事半功倍

瘦身早餐二：
西红柿鸡蛋汤（或日式味噌蔬菜豆腐汤）+烤面包片

这款早餐中西结合，新鲜番茄含抗衰老的茄红素，美白、瘦身，不会有多余热量堆积脂肪。

西红柿鸡蛋汤

材料：

西红柿1个，鸡蛋1个，香油几滴，盐少许。

做法：

1.将西红柿洗净后切片；鸡蛋磕入碗中搅打成液。

2.锅中加入适量清水烧开，放入西红柿，再烧开，

TIPS

西红柿鸡蛋汤烹饪方便，营养价值高，将西红柿和鸡蛋的营养价值完美地搭配在一起，易于人体吸收，非常适合早餐食用，且具有美容瘦身功效，能使皮肤有弹性、有光泽。

倒入鸡蛋液，加盐，滴入香油即可。

制作要点：

1.西红柿鸡蛋汤有很多种做法，这种做法最简单，含热量也最低。另外，还可以在放入西红柿的同时，放入几片黄瓜片，丰富营养。

2.如果想先将西红柿炒一下，西红柿最好切不规则的块状，并按照不同的方向，这样在炒的时候里面的汁才容易出来。

日式味噌蔬菜豆腐汤

材料：

蔬菜适量，豆腐1块，日式味噌酱料。

做法：

1.取适量平时喜欢的蔬菜洗净。

2.将蔬菜和豆腐一同放入锅中，加适量清水煮开，再添入市面很容易买到的日式味噌酱料，煮开即可。

三鲜包子

简单方便，去超市买现成的三鲜包子即可。当然也可以自己在家动手做。

材料：

面粉、发酵粉、猪肉、鸡蛋、茼蒿、葱、姜汁、花椒粉、盐、酱油、白糖、鸡精、甜面酱、香油各适量。

做法：

1.面粉加发酵粉做成发面团待用。

2.猪肉剁成肉馅；茼蒿洗净焯水切碎；鸡蛋磕入碗中，搅打成液。

3.锅置火上，放油烧热，倒入鸡蛋液，炒散，炒得差不多时放甜面酱炒出香味，把鸡蛋剁碎。

4.把肉馅、茼蒿、鸡蛋放到盆里，加姜汁、花椒粉、盐、酱油、白糖、鸡精搅拌均匀。

5.葱切末放在拌好的馅上，在葱末上淋上香油（香油淋在葱末上出味），搅拌均匀即可。

6.发面团做成包子面剂，擀成小饼，把馅包进去，捏成包子状，上屉蒸15分钟即可。

巧妙搭配，瘦身事半功倍

瘦身早餐三：
酸奶1杯（或低脂牛奶）+煮玉米（或苏打饼）+绿豆粥（配酱菜）

1杯酸奶加上半根煮好的玉米，再加1碗绿豆粥搭配少许酱菜，给你的肠胃来个大扫除。玉米不仅营养丰富，而且还抗衰老，是瘦身主食。

酸奶1杯（或低脂牛奶）

有很多人疑惑，到底牛奶和酸奶适不适合早上喝？

有人认为早上喝牛奶不好，首先觉得牛奶是安神助眠的，早上喝了会不会影响上午的工作。其实牛奶并不是安眠药，上午精神充足，牛奶并不能改变这个状态。早餐吃点奶类食品，可以显著地提高早餐营养质量，让上午不容易感觉饥饿，从而维持长久的工作效率。

其次，有人认为早上空腹喝牛奶会影响牛奶的吸收率，造成不必要的浪费，这点没错，但若你是想减肥，少吸收10%的蛋白质又有什么关系呢？

那么早上喝酸奶好吗？

早上当然可以喝酸奶，只是建议胃溃疡和胃酸过多的人不要空腹喝。如果是消化不良、胃酸过低的人，空腹喝酸奶，反而有促进消化的作用。

绿豆粥（配酱菜）

材料：

大米50克，绿豆50克。

做法：

1. 将大米淘洗干净；绿豆去杂质，用清水洗净。
2. 将绿豆放入锅中，加适量清水，大火烧沸，转小火熬煮40分钟，至绿豆熟烂。
3. 放入大米用中火烧煮30分钟左右，煮至米粒开花，粥汤稠浓即可。

材料变变变：

酱菜也可以用拍黄瓜代替，根据个人的口味而定。如果喜欢喝甜粥，可加入少许白糖或蜂蜜。绿豆可用红豆代替，也可两种合用，瘦身效果更佳。

TIPS

红豆和绿豆都是排毒圣品，并具高纤维、低脂肪的特点，是排毒瘦身佳品。

煮玉米（或苏打饼）

　　煮玉米的方法：通常都是直接水煮（凉水即可），煮至玉米熟烂即可。不过讲究的话，都是隔水煮。隔水煮就是在锅里放水，上面放个箅子，把玉米放在箅子上，类似于蒸。这样营养不易损失。

TIPS

如果不喜欢吃玉米也可用红薯或苏打饼代替，都能提供足够的能量。

午餐这样吃营养与瘦身兼顾

俗话说"中午饱，一天饱"，说明午餐是一天中主要的一餐。你需要用好的食物来犒劳累了一上午的身体，还需要足够的营养让身体可以承担下午4个多小时的劳作，所以午餐绝对不可马虎对待。

健康的午餐应以五谷为主，配合大量蔬菜、瓜类及水果，适量肉类、蛋类及鱼类食物，并减少油、盐及糖分，要讲究一、二、三的比例，即1/6是肉或鱼或蛋类，2/6是蔬菜，3/6是饭或面或粉，要注意"三低一高"，即低油、低盐、低糖及高纤维。这样的搭配既营养又不易发胖。

午餐减肥的注意事项

考虑到健康的需求，午餐必须要吃饱吃好，可是吃饱吃好会不会影响瘦身的目的呢？不用担心，下面告诉你一些关键的技巧，这样既可以吃到美味的中餐，又能达到减肥的目的。

1.每天定时定量吃饭，即使是人间难得的美食也不可过量食用。

2.用油少的蒸、煮、凉拌、烤、炖的烹调方式，请优先选择。

3.忍不住夹了一块炸得金黄的肉片，请务必去皮后食用。

4.别被勾芡、糖醋食物的美丽外表骗了，里头包的都是沉甸甸的油！

5.各路来历不明的碎肉制品绝对不能吃，天晓得里面含有多少热量。

6.多吃青菜有助于消化。

7.浓汤和清汤，聪明的减肥族绝对选清汤，并捞起上层浮油。

8.炒饭、炒面类吸油量大，且蔬菜（蔬菜食品）种类少，少吃为好。

午餐前可吃点瘦身零食来解饿

海苔

海苔几乎不含脂肪，也没有什么能量，怎么吃都不会发胖的哦！且海苔含有丰富的维生素和矿物质，含碘量尤其高，经常食用可防止由于缺碘引起的皮肤灰暗、毛发干燥和毛发生长缓慢，并能减少脂肪在体内的存积。

豆腐干

真空独立包装的五香豆腐干含脂肪量少（每100克豆腐干中脂肪的含量不足16克），多吃不会发胖，且能补充全天所需钙量的40%。作为零食吃上两三片，既解馋又解饿。

牛肉干、酱牛肉

牛肉是高蛋白、低脂肪食物，所以牛肉干、酱牛肉适合在饥饿的时候吃，每次吃上2~3块，能充饥且不会发胖。

新鲜果蔬

在进餐前一小时左右吃一个苹果或香蕉，或是半个橙子，也可以是黄瓜或西红柿，可以弥补正餐中不易摄取的维生素、水分、膳食纤维和抗氧化物质等营养成分，这些营养成分能调理肠胃功能，促进食物的消化，并驱散困顿，带给你一天的好心情。

魔芋果冻

魔芋果冻的热量极低，还含有丰富的膳食纤维，可以抵达肠内，促进通便，并向体外排出废物，而且还能够延缓糖分的吸收，非常适合瘦身者食用。

即食麦片

一些早餐的即食麦片，可当做瘦身零食来食用，因为很多麦片都含有高纤维和低脂肪，而且加有维生素和矿物质，营养丰富。如果觉得光吃麦片太单调，可以加入脱脂牛奶同食。

红枣

红枣中含有丰富的维生素C和矿物质，有"活维生素C丸"的称号，同时还有补气养血的功效。饥饿的时候不妨吃上几颗，可以帮你赶走疲倦，吃出好的气色。

核桃、花生、开心果

核桃、花生、开心果中含有丰富的蛋白质和不饱和脂肪酸，适量食用能够保证大脑的血流量，让你一整天都精神焕发，而且既营养又美味。不过一次不要吃得太多，核桃以3个为宜，花生与开心果每次10~15粒即可，且最好只选其中一样。

住家一族

　　有一部分女性是幸福的全职太太，中午完全有充足的时间来准备一顿营养丰富的午餐，一定要好好利用这种难得的机会，好好培养一下自己的厨艺，同时也给自己的身体一个享"瘦"的过程。

瘦身午餐一：生菜沙拉1份+瘦身粥1~2碗+瘦身汤1~2碗

生菜沙拉

做法：

将自己喜欢的蔬菜水果洗净后切块，然后拌在一起，添加少许沙拉酱即可食用。

制作要点：

1.尽可能选择新鲜的食材来制作生菜沙拉，因为新鲜的食材不一定要添油加醋也可以很美味，对于吃不惯原味的减肥族而言，可以试试看生菜蘸柠檬汁，别有一番风味。

2.准备生菜时，最好不要将蔬菜切得太细，应以一口的大小为宜，免得生菜切太细而吸附了过多的沙拉酱，徒增热量。

3.建议在沙拉酱中添加一些低脂优酪乳或蔬菜泥，用来稀释沙拉酱，不会影响沙拉酱的美味又可降低油脂的摄取量。

瘦身粥1 ~ 2碗

如薏米粥、麦片粥、荷叶粥等，薏米粥可有效消除水肿，麦片粥可促进肠胃消化，荷叶粥具有减肥功效。

瘦身汤1 ~ 2碗(可以是猪肉萝卜汤等少油的汤类

材料：

青萝卜、红萝卜，瘦肉，蜜枣，陈皮各适量。

做法：

1.将瘦肉洗净，切块；青萝卜、红萝卜分别洗净后切块；蜜枣洗净、去核，用清水稍浸泡；陈皮浸透洗净。

TIPS

也许你到了下午
就饿得头晕眼花了，
这时候可以吃2片高纤苏
打饼干，配一杯低热量
的脱脂牛奶（或无糖豆
浆），立刻就能让你
精神一振。

2.将陈皮加水放入煲内，大火烧滚，然后放入所有材料，再煲滚后改用小火煲约2小时即可。

瘦身午餐二：
1碗米饭（约75克）+番茄胡萝卜烩牛肉+蒜拌黄瓜

米饭75克

如果觉得大米饭含热量太高，可以选择较"粗糙"的原料做主食，如富含膳食纤维的黑米、紫米、糙米等都是延缓消化速度、增加饱腹感的好选择。不过，这些食物吃起来可能不如大米软滑，这时你可以把它们先泡一夜，或用高压锅先煮半软，然后与米饭混合煮食，或者直接煮成稠粥，用来代替白米饭。

另外，你也可以在米饭里加入其他五谷杂粮，如燕麦、大豆等，它们可以提高食物的黏度，延缓消化速度，很容易有饱腹感。

番茄胡萝卜烩牛肉

材料：

番茄50克，胡萝卜100克，牛肉100克，盐、味精、胡椒粉、水淀粉、葱花各适量。

做法：

1.先把番茄用沸水烫过，把皮烫开后去掉皮切片；胡萝卜洗净，切成滚刀状。

2.牛肉洗净，切块，入沸水锅中汆烫后捞出。

3.锅置火上，放油烧热，放入生姜、蒜头煸香，再放入牛肉稍炒，加适量清水，煮开后撇掉泡沫。

4.再放入番茄、胡萝卜，大火煮沸后，调小火慢慢煮2小时，最后放入盐、味精、胡椒粉，用水淀粉勾芡，撒上葱花即可。

巧妙搭配，瘦身事半功倍

制作要点：

番茄和胡萝卜同时放入煮2小时，番茄差不多煮化了，味道也全进入牛肉里了。但若你不喜欢将番茄煮得太烂，可以等牛肉和胡萝卜快好时才放入，也可用番茄酱代替。

蒜拌黄瓜

材料：

黄瓜1条（约200克），大蒜4瓣，葱末、酱油、醋、盐、辣椒油、香油等调味料适量（调味料可根据自己的口味随意添加）。

做法：

1.黄瓜洗净，滚刀切块；蒜切成蒜泥，放入香油，充分拌匀。

2.把调好的蒜泥拌入切好的黄瓜中，再放些葱末、酱油、醋、盐、辣椒油。

外食一族

　　中午12点，一幢幢写字楼里就会分批涌出"觅食"的上班一族，他们都在纠结着——这个中午又吃什么？去哪里吃？尤其是一些想瘦身的女人，一到午餐时间都要纠结好长时间——到底吃什么既营养又瘦身？吃多少既可以满足身体的营养需求又不会摄入过多的热量？其实只要注意一些技巧，外食一族也能吃得既健康营养又利于减肥瘦身。

选择需要步行15分钟的餐厅

　　步行15分钟可到达的餐厅是你的首选！忙碌了一上午，暂时离开"捆住"你手脚的办公椅。餐前步行15分钟，既可放松紧张的神经又是很好的开胃行动；餐后步行15分钟可促进消化，返回办公室后精力也更充沛。

少吃高脂肪、高糖类食物

　　减肥族绝对要避免食用油炸类的食物，尤其是油炸的肉片，热量更是高得吓人。在吃肉类时，最好是将充满脂肪的外皮和肥油部分去除掉；喝汤时，要将浮在表面的油捞掉，这些都是减少油脂摄入的小技巧。

另外，还要注意少食高糖类食物，如巧克力、果酱、糖果、奶油等，这些食物含热量高，食用过多非常容易发胖，想减肥就要尽量少吃或不吃这些食物。

准备一碗水去油

一般餐厅和小餐馆，为了食物的美味，在烹调食物时通常会加入大量的动物性油脂和调味料，所以外食的餐点大多比较油腻，这也是为什么很多人明明在外面吃得没有家里那么有营养却反而长胖的原因。为了防止外食时摄入过多的油脂，你最好在点餐之后准备一碗水，将油腻的食物过过油，虽然这样做菜看会失去口感，但为了你的身材，只好牺牲美味了。

中餐厅：高纤五谷+低脂蛋白质+蔬菜

1.高纤五谷

每餐应以五谷类为主，并尽量选择高纤种类，例如肉类配红米或糙米饭、火腿全麦面包三文治等，含丰富纤维，能增加饱腹感。

2.低脂蛋白质

蛋白质是必需营养，但记住应以低脂蛋白质为主，例如瘦肉、鱼类、海鲜、去皮家禽、干豆类、豆制品、蛋白等，不但卡路里低，脂肪量也很少。豆制品是优质植物蛋白质的来源，是中餐的首选。

3.每餐要有蔬菜

油菜等新鲜蔬菜可促进豆制品中的微量元素吸收，且蔬菜中含有丰富的维生素，热量低，是瘦身者必需的食物。

4.不宜选择的食物

油炸食品（如油焖虾或咕咾肉）、炒饭、甜点（如白薯饼、南瓜饼等），都属于高糖分高热量食品，不利于减肥。

面店：最好选择汤面

　　当个外食族一定有不少的机会到面店光顾，但你知道吃汤面会比炒面、干面来得好吗？这是因为干面和炒面的油量比汤面来得多，热量也就高过汤面了，所以下次当你想吃面时，改吃汤面吧！

　　另外，建议吃汤面时，请老板多放些青菜，面不一定要全部吃完，汤上层浮油要捞除，当然，不喝汤更能降低热量。

面包房：金枪鱼生菜三明治+酸奶或水果

　　如果想简单地在面包房解决午餐的话，可以选择金枪鱼生菜三明治、酸奶或水果。面包要选择富含纤维素和矿物质的全麦面包，可以多夹些蔬菜。酸奶或水果可以提前带好。这样的午餐每周只能一两次，因为它不论对你的体形还是饮食结构都没有什么好处。

　　不要选择热狗、白面包、香肠、干酪等，这些食品无疑是减肥的天敌。

快餐厅（如肯德基）：玉米棒、蔬菜沙拉、土豆泥、橙汁

　　在快餐厅里，可以选择一盘蔬菜沙拉，再加一个玉米棒和一份土豆泥，最后再来一杯无糖果汁。这样的搭配既营养又不会摄入过多的热量，是健康瘦身餐。不要选择鸡腿汉堡、炸薯条、可乐等高热量的食物。

比萨饼店：蔬菜比萨是午餐不错的选择

　　蔬菜比萨是午餐不错的选择，比萨中的面饼含有足够的碳水化合物，蔬菜中含有纤维素和维生素，而奶酪可以提供蛋白质和钙质。其中的营养成分比较均衡，多纤维素，少油脂（含奶酪少）。沙拉酱不要放得太多，餐后可以食用少许水果作为饭后甜点。

TIPS

中午最好不要吃自助餐，因为自助餐最容易让人吃过量。如果不得不吃，最好给自己准备一个小号盘子。

便当一族

午饭吃什么？与其受限于办公室周围那几家有限的饭馆，不如自己在家提前细心准备。毕竟，午饭理所当然是一天中最丰盛的一餐，劳碌的职业人尤其不该潦草应付。可是自带午餐要如何保证营养均衡？饭盒里应该装些什么呢？

饭盒里应该装的食物

水果（水果食品）、米饭、牛肉、豆制品、各种非绿叶蔬菜（蔬菜食品）等。

1.便当盒里首先要装些水果，在午餐前半小时食用。

2.然后是主食——米饭，提供身体所需的能量。

3.含优质植物蛋白的豆制品，以及含矿物质丰富、含脂肪少的肉类，如牛肉、鸡肉等，营养更全面。

4.蔬菜中丝瓜、藕等含纤维素（纤维素食品）较多；除此之外，还可以选择芹菜、蘑菇、萝卜等。

5.饭后，最好喝点酸奶促消化（消化食品）。

TIPS
要带的蔬菜在烹调时炒至六七分熟即可，以防微波加热时进一步破坏其营养成分。

饭盒里不该装的食物

鱼、海鲜、绿叶蔬菜、回锅肉、肉饼、炒饭。

1.不要带鱼和海鲜，因为经过一上午时间，食品中的营养流失比较严重，气温高时还容易变质，特别是鱼和海鲜，是最容易腐败变质的食品。

2.不要带绿叶蔬菜，因为各种绿叶蔬菜中都含有不同量的硝酸盐，烹饪过度或放的时间过长，不仅蔬菜会发黄、变味，硝酸盐还会被细菌还原成有毒的亚硝酸盐，使人出现不同程度的中毒症状。

3.回锅肉、糖醋排骨、肉饼、炒饭等最好别带，因为它们含油（油食品）脂和糖分较高，不利于瘦身。

TIPS
午餐时一定要让自己离开电脑桌，最好坐到窗户前晒晒太阳，饭后也可走动走动。

巧妙搭配，瘦身事半功倍

晚餐少吃而不饿的妙招

对于大部分人来说，晚餐可能是一天中最为正式的一顿饭。忙累了一整天后只有晚餐才有时间慢慢享用，也只有晚上才能和重要的人在一起好好吃一顿饭。可有很多对自己身材不太满意的女性为了减肥，竟然连如此重要的一餐都要"抛弃"，这样的生活岂不少了很多乐趣？而且，试过通过不吃晚餐减肥的人也都知道，不吃晚餐是非常痛苦的，如果坚持不下去，还会很快地反弹回来。更重要的是，长期不吃晚餐还容易导致营养不良，这就违背了你想健康瘦身的初衷。

其实，如果想减肥的话，完全不用每顿饭都吃得战战兢兢的，合理的晚餐能使你的塑身效果事倍功半，每天不需要花费太多的时间，就能轻松搞定营养丰富的可口晚餐，还可操练自己的厨艺，提高生活品质。

晚餐瘦身秘笈一：晚餐时间选在18点左右

晚餐最佳时间是18点左右，最晚不宜超过20点。21点之后不要再吃任何固体食物。并且，晚餐后4小时内不要睡觉，以给胃充足的消化食物的时间。

晚餐瘦身秘笈二：晚餐最多吃到八分饱

晚餐不可吃得太饱，以六七分饱为宜，最多吃到八分饱。晚上吃太多却没时间消耗，多余的热量会转变成脂肪堆积在体内，使人发胖，而且晚上吃得太饱，对睡眠也不好。

晚餐瘦身秘笈三：晚餐要以清淡的食物为主

晚餐除了不宜吃得太饱外，还要以清淡的食物为主，注意选择脂肪少、易消化的食物。如果晚餐营养过剩，消耗不掉的脂肪就会在体内堆积，造成肥胖，影响健康。

晚餐最好选择：面条、米粥、鲜玉米、豆类、素馅包子、小菜、水果拼盘。

我国传统饮食结构把谷物类作为主食。然而，如今的餐桌上主食的地位越来越被弱化。实际上，任何一餐都不能没有主食。晚餐的主食可以以稀食为主，如汤面、馄饨、米粥等。

晚餐选择喝汤而不是吃沙拉

提起瘦身，女人们第一个想到的瘦身餐，无非就是生菜沙拉了。生菜沙拉的确含热量较低，可能对瘦身有帮助，但大部分人是没有办法坚持下去的，因为生冷的东西不符合中国人的饮食习惯。

中国人的饮食习惯以煎煮炒炸之类的热食为主，所以我们的文化让我们习惯吃热腾腾的食物，如果吃生冷的食物就好像没有吃到东西，当然会因为缺乏饱足感使得瘦身过程困难重重而容易失败。

所以晚餐最好选择喝汤来减肥，因为喝汤既能满足你的身体对营养的需求，热腾腾的食物还能让你有吃到一餐的感觉，不至于因为饥饿而摄入过多其他的食物。

喝汤减肥的注意事项

1.因为肉类里的蛋白质含量高，摄取太多会增加热量，所以晚上做汤最好以大量的蔬菜为主，让你能吃饱又不用担心热量囤积的问题。

2.喝汤要注意选在饭前喝，饭前喝汤会使肠胃有一定的饱涨感，所以相对来说主食就吃得少了，同时营养也能得到满足，能真正达到健康瘦身的目的。

巧妙搭配，瘦身事半功倍

推荐瘦身汤一：
蚕豆冬瓜豆腐汤

材料：

鲜蚕豆200克，冬瓜200克，豆腐200克，盐、葱花、香油各适量。

做法：

1.鲜蚕豆洗净；冬瓜洗净去皮切块；豆腐切小块。

2.锅置火上，放油烧热，放入冬瓜块翻炒，随后倒入蚕豆和豆腐块，再倒入清水浸没过菜。

3.水煮开后，再煮2分钟关火，最后加入盐和香油，撒上葱花即可。

TIPS

非常清淡鲜美的汤，蚕豆、豆腐营养丰富，冬瓜消脂减肥，少油的健康烹调方式使这碗汤无比清爽，极利瘦身。

推荐瘦身汤二：海带瘦身汤

TIPS

冬瓜有减肥功效；海带为海产食物，含丰富碘质及多种微量元素，有消除脂肪及胆固醇的功效，因此也有减肥瘦身的效果。

材料：

带皮冬瓜250克，海带50克，瘦猪肉100克，陈皮1小块，盐适量。

做法：

1.冬瓜连皮洗净、切块；海带先泡水，将泥沙、杂质清洗干净后，切段备用。

2.瘦猪肉洗净切片，入沸水锅中汆烫去血水后备用。

3.锅中放入适量清水，放入以上所有材料，先用大火煮10分钟再转小火炖2小时，最后加盐调味即可。

推荐瘦身汤三：
芡实莲子薏仁汤

材料：

排骨500克，芡实30克，莲子20克（去心），薏米仁30克，陈皮5克，姜1片，盐少许。

做法：

1.将芡实、莲子、薏米仁用清水浸泡2小时后清洗；排骨剁成小块，入沸水锅中汆烫。

2.将排骨、芡实、莲子、薏米仁、陈皮和姜一同放入锅中，加适量清水，大火烧开后，转小火炖2小时，最后加入少许盐调味即可。

TIPS

莲子养心健脾，薏仁美白消肿，芡实健脾胃，常食此汤能减肥消肿，还有美颜润色的效果。

推荐瘦身汤四：
豆芽青椒丝汤

材料：

金针(干)30克，黄豆芽100克，青椒100克，木耳100克，调味料可自行选择。

做法：

1.将金针用清水泡发；黄豆芽洗净；青椒洗净切丝；木耳洗净切丝。

2.将所有材料放入锅中，加4~5碗水烹煮。调味可自行添加或将高汤稀释调味。

TIPS

豆芽含水分较多，含热量较少，不易形成皮下脂肪堆积，常食有助于减肥。

巧妙搭配，瘦身事半功倍

一周瘦身饮食安排

早餐:

大部分女性都属于星期一征候群,在这天特别提不起精神,懒懒散散。那么就别勉强自己做精致的早餐了。起床后白水煮1个鸡蛋,加上1杯无糖豆浆即可。

午餐:

主食为米饭1小碗（50克）,主菜为冬瓜（三色冬瓜丝）,副菜为青椒土豆丝和黄瓜凉菜1碟。

晚餐:

苹果1个,玉米汤1碗。

推荐减肥菜: 三色冬瓜丝

材料:

冬瓜250克,胡萝卜150克,青尖椒150克,盐、味精、水淀粉各适量。

做法:

1.将冬瓜、胡萝卜、青尖椒分别洗净,切丝。

2.锅置火上,放油烧热,放入冬瓜、胡萝卜、青椒丝略炒一下后装盘待用。

3.锅中放水烧沸后,放入全部蔬菜余烫一下去除油腻和涩水,用漏勺沥去水分。

4.锅内放少量油,烧热,倒入全部材料,加少许盐翻炒约2分钟,最后用水淀粉勾芡即可。

TIPS

冬瓜味甘而性微寒,具有利水消肿的功效,若能带皮食用,效果更佳。常吃冬瓜,可去除身体多余的脂肪和水分,起到减肥作用。

早餐：

起床后喝一杯温热的蜂蜜水，再煮上一个鸡蛋，搭配全麦面包两片，放上被切成条状的黄瓜，最后可喝一杯酸奶，以促进消化。

午餐：

主食为米饭1小碗（50克），主菜为韭菜（韭菜炒黄喉丝或韭菜炒鸡蛋），副菜为鲫鱼萝卜豆腐汤和蔬菜沙拉1碟。

晚餐：

香蕉1根，薏米粥1碗。

推荐减肥菜：
韭菜炒黄喉丝

材料：

韭菜200克，黄喉150克，胡萝卜80克，盐、味精、水淀粉各适量。

做法：

1.将韭菜洗净、切段；黄喉和胡萝卜洗净、切丝。

2.用沸水将全部原料氽烫一下，捞起后待用。

3.锅置火上，放油烧热，放入全部材料，炒熟后加入调味料调味，最后用水淀粉勾薄芡即可。

TIPS

韭菜除了富含钙、磷、铁、蛋白质和维生素等多种营养物质外，还含有大量纤维，能增强胃肠的蠕动能力，加速排出肠道中过盛的营养及多余的脂肪。

巧妙搭配，瘦身事半功倍

周三瘦身餐

早餐：

　　两片全麦面包间涂上少许奶酪，加上几片番茄片后食用，再加杯牛奶或酸奶。这些食物能在胃中停留较久，让人一上午精力充沛。此外，可配合鲜橙等水果，让食物在体内氧化后，达到酸碱平衡。

午餐：

　　主食为馒头1个，主菜为海带（海带烩鸡柳），副菜为煮鸡蛋1个和凉拌西兰花。

晚餐：

　　黄瓜1根，芹菜肉末粥1碗。

推荐减肥菜：海带烩鸡柳

材料：

泡发海带200克，鸡胸肉100克，红尖椒150克，葱、姜、盐、味精、高汤、水淀粉各适量。

TIPS

海带清热利水，有祛脂降压的作用。它所含的多种矿物质及维生素能减少人体摄入的脂肪在心脏、血管、肠壁的沉积，堪称消脂减肥的佳品。

做法：

1.海带用水泡开、洗净，切成条；红尖椒去籽后切成条，用沸水氽烫一下；鸡胸肉洗净，切丝。

2.锅置火上，放油烧热，放入鸡肉丝略炒一下后起锅待用。

3.将锅内炒肉丝的余油烧至七成热后，倒入葱、姜末炒出香味，加入适量清水，放入全部材料、高汤和调味料，煮3分钟（不加盖）。

4.最后用水淀粉勾芡即可。

早餐:

　　给自己松口气，利用平日的早餐时间睡个小小的懒觉，早餐简单点，把燕麦粥就着热牛奶冲泡，放入2~3个草莓，简单，美味，节约时间。清淡的早餐也能避免刺激肠胃和脂肪堆积。

午餐:

　　主食为米粥1碗，主菜为白萝卜（白萝卜烧墨斗鱼），副菜为木耳冬瓜汤和西红柿1个。

晚餐:

　　适量菠萝，香煎土豆饼。

推荐减肥菜:
白萝卜烧墨斗鱼

材料:

白萝卜250克，墨斗鱼150克，红、青尖椒各30克，葱、姜、盐、味精、高汤、水淀粉各适量。

做法:

1.白萝卜洗净，切成菱形块；红、青尖椒洗净，切块；墨斗鱼处理干净。

2.用温油将白萝卜焯一下后捞出；墨斗鱼入沸水锅中汆烫一下，捞起后待用。

3.锅置火上，放油烧热，放入葱末、姜末爆香，再放入全部原料和适量高汤一起煮3分钟，调味后勾芡即可。

TIPS

白萝卜味甘性凉，有消腻、去脂、化痰、止咳等功效。它还含有胆碱物质，能降低血脂和血压，非常利于减肥。

巧妙搭配，瘦身事半功倍

周五瘦身餐

早餐：

　　将西式早餐换成中式口味，把超市买的小馒头加热，就着咸蛋一起吃，再配上豆浆，能摄取到足够的氨基酸种类。

午餐：

　　主食为米饭1小碗（50克），主菜为绿豆芽（绿豆芽炒鳝丝），副菜为素炒青菜。

晚餐：

　　黄瓜1根，西红柿鸡蛋汤。

推荐减肥菜：绿豆芽炒鳝丝

材料：

绿豆芽100克，鳝鱼150克，红、青椒各1个，姜1块，盐、味精、水淀粉各适量。

做法：

1.将鳝鱼洗净，入沸水锅中氽烫一下，捞起后切成丝；红椒、青椒去籽后切丝。

2.将绿豆芽、红椒丝、青椒丝一起用沸水焯一下，捞起后待用。

3.锅置火上，放油烧热，放入姜丝炒香，放入全部原料翻炒，调味后，用水淀粉勾薄芡即可。

TIPS

绿豆芽含有丰富的植物蛋白和多种维生素。它非常适合制作家常菜，或凉拌或烹炒，全都美味无比。经常食用绿豆芽有助于消腻、利尿、降脂。

102

早餐:

　　第一个休息日，适合进行清肠，建议早餐只喝牛奶或鲜榨果汁，减轻肠胃蠕动次数。周日早餐则可以丰盛一点，可以做紫菜糯米团，搭配牛奶、香蕉食用。

午餐:

　　主食为麦片粥1碗，主菜为木耳（木耳西芹炒百合），副菜为煮鸡蛋1个、香菇小油菜。或者主食为米粥1碗，主菜为芹菜（芹菜炒猪肝），副菜为煮鸡蛋1个、西红柿鸡蛋汤。

晚餐:

　　煮红薯1碗，凉拌菠菜1碟。或者绿豆粥1碗，蒜拌海带或黄瓜。

推荐减肥菜1: 木耳西芹炒百合

材料:

黑木耳150克，西芹100克，鲜百合100克，蒜片、葱段、盐、味精、水淀粉各适量。

做法:

1.黑木耳泡发洗净；西芹去筋切成菱形；鲜百合洗净备用。

2.锅内放水烧开，加少许盐和色拉油，放入黑木耳、西芹、百合煮10分钟，出锅除水分。

3.炒锅置火上，放油烧热，放入蒜片、葱炸香后放黑木耳、西芹、百合，加盐、味精调味，最后用水淀粉勾芡即可。

TIPS

木耳味甘性寒，是一种高蛋白、低脂肪、多纤维、多矿物质的著名素食。木耳中还含有一种多糖物质，能降低血脂和胆固醇，有效抑制肥胖的形成。

推荐减肥菜2: 芹菜炒猪肝

材料:

芹菜350克，猪肝75克，料酒、酱油、盐、味精、大葱、姜、蒜、水淀粉、香油各适量。

TIPS

由于芹菜中富含水分和纤维素，并含有一种能使脂肪加速分解、消失的化学物质，因此是减肥的最佳食品。

做法:

1.将嫩芹菜去根、去叶，斜切成3厘米长的段，入沸水中焯一下捞出，沥净水。

2.将猪肝洗净切成柳叶片，用盐、水淀粉抓匀上浆，入温油中滑散至嫩熟，倒入滑勺沥油。

3.锅内留底油少许，烧热，放入葱、姜、蒜炝锅，烹入料酒，放入芹菜和盐略炒，再放入猪肝和少许酱油炒匀，加味精，淋入香油即可。

巧妙搭配，瘦身事半功倍

娇颜如花，
美丽细节吃出来

　　都说女人是美丽的花，可最美的花儿也有凋谢的一天。时光的流逝，生活的压力，环境的污染，这些看不见的"杀手"时刻都在侵蚀着我们的容颜。当很多人都在感叹"为什么某某明星年过50却依然光彩照人"，"有些女人怎么跟十年前的样子差不多"时，可能其中的秘诀简单得令人不敢相信：吃+运动+良好的心态。是的，持之以恒地吃好、吃对，绝对是让你看起来比同龄人美丽、年轻的法宝之一，从现在开始，抽出一些看韩剧的时间，给自己的肌肤来个"营养加餐"，坚持一段时间，你会看到镜子中的那张脸绝不输给韩剧女主角哦。

美白祛斑

所谓"一白遮百丑"，白皙的肌肤是每个女人所追求的，但是如何能美白同时又祛斑？这成为了许多皮肤较黑、脸上有色斑的女性的烦恼。

很多女性选择使用外用护肤品来美白，可总是起不到根本的作用。还有一些都市女性，面对紧张的生活节奏根本没有时间去保养皮肤。面对这些情况该如何是好呢？其实，女人需要的是由内而外的美丽，而饮食是达到自然之美的首选。

黑木耳红枣汤

材料：
黑木耳30克，红枣15
粒，白糖适量。

做法：
1.黑木耳洗净，用清水
浸泡至软，捞出控水，
去蒂，撕成小块；红枣
洗净，去核。
2.锅内放入适量清水，
放入撕好的黑木耳和去
核的红枣，煮30分钟。
3.至黑木耳熟烂，放入
白糖即可。

制作要点：
黑木耳浸泡发软的时
候，可以用温水，这样
速度快一些，而且口感
也会不错。泡的时候如
果能加一些淀粉搅拌一
下，那就更好了，因为
这样可以将木耳中细小
的杂质和沙粒清除掉。

TIPS

　　黑木耳属于黑色食品，具有抗氧化和消
除自由基的作用，可以帮助祛斑，消减黑色
素沉积。红枣能养血驻颜，令肌肤红润，焕
发光泽，和黑木耳搭配有助于强化黑木耳的
祛斑功效。

娇颜如花，美丽细节吃出来

山药青笋炒鸡肝

材料：
山药100克，青笋50克，鸡肝100克，
盐、味精、水淀粉、高汤各适量。

做法：
1.将山药、青笋去皮，洗净，切成条；
鸡肝用清水洗净，切成片。
2.再将山药、青笋、鸡肝等原料分别用
沸水汆烫一下后捞出。
3.锅置火上，放油烧热，放入山药、青
笋、鸡肝，翻炒数下，加入高汤、盐、
味精略炒，最后用水淀粉勾芡即可。

食用指导：
食用山药青笋炒鸡肝时，一定记住不要

在餐前和餐后喝咖啡或浓茶等饮品，以
免影响食物中营养物质的吸收。

材料变变变：
如果没有鸡肝的话，也可以选择猪肝或
鸭肝代替。

TIPS

　　山药是中医推崇的补虚佳品，具有健脾
益肾、补精益气的作用。鸡肝富含铁、锌、
铜、维生素A和B族维生素等，不仅有利于雌
激素的合成，还是补血的首选食品。青笋则
是富含膳食纤维的美容蔬菜。三者合用，具
有调养气血、改善皮肤的滋润感和色泽的作
用。

西红柿鱼丸瘦肉汤

材料：

鱼丸250克，西红柿2个，瘦肉100克，里脊骨100克，香菜少许，姜1块，盐适量，味精少许。

材料变变变：

如果没有鱼丸可以直接用鱼肉代替，鱼肉可保护皮肤免受紫外线侵害。

做法：

1.将西红柿洗净，切瓣；里脊骨、瘦肉洗净，里脊骨斩块，瘦肉切块；香菜切末。

2.将里脊骨、瘦肉入沸水锅中汆烫去血渍，再用水洗净后取出。

3.将西红柿、鱼丸、里脊骨、瘦肉、姜一同放入锅中，加入适量清水，用小火煲2个小时后加入盐、味精，撒上香菜末即可食用。

美容小提醒：

吃熟西红柿比生吃效果更好。

西红柿是很好的防晒食物。西红柿富含抗氧化剂——番茄红素，每天摄入16毫克番茄红素，可将晒伤的危险系数下降40%，也能防止黑色素沉积。

娇颜如花，美丽细节吃出来

黄瓜粥

材料:
黄瓜1根,大米50克,姜2片,盐少许。

做法:
1.黄瓜洗净,去头尾,去皮,去心,切成薄片;大米淘洗干净;姜洗净,切成末。
2.锅内加入适量清水,放入大米、姜末,大火烧开,转小火,熬煮至米粒熟烂。
3.下入黄瓜片,煮至汤汁浓稠,加入盐即可。

美容小提醒:
生黄瓜尽量不要与辣椒、芹菜来搭配着吃,因黄瓜中含有一种维生素C分解酶,如果与芹菜等富含维生素C的食物一起吃,会分解破坏掉这种营养成分,降低人体对维生素C的吸收。

TIPS

　　黄瓜含有丰富的钾盐和一定数量的胡萝卜素、维生素C、维生素B1、维生素B2以及磷、铁等营养成分,能消除雀斑,增白皮肤。

冬瓜薏米煲老鸭汤

材料：

鸭半只，冬瓜200克，薏米50克，姜2片，陈皮1片，米酒半碗，盐、鸡精各适量。

做法：

1.鸭处理干净；冬瓜去皮，去瓤，洗净，切成块；薏米淘洗干净，用清水浸泡至软，捞出；陈皮洗净，用清水浸泡至软，捞出；姜洗净，切成末。

2.锅内放入适量清水，烧开，放入鸭，焯去血水，捞出控净水，切成块；姜末放入米酒中，成姜汁酒。

3.另置一锅，锅内放入适量植物油，烧热，放入鸭块，略煎，烹入姜汁酒，拌匀，盛起。

4.锅内放入冬瓜、薏米、陈皮和适量清水，大火烧沸，放入煎好的鸭块，转小火，煲至汤汁浓稠，调入盐、鸡精即可。

制作要点：

将薏仁先用清水泡几个小时，或者用温水泡也可以，再拿来煮口感会变得滑软一些，薏米不容易煮熟，泡过之后还可以缩短煮的时间。

TIPS

薏仁可以保持皮肤光泽细腻，能消除蝴蝶斑、雀斑、粉刺、老年斑、妊娠斑。这道冬瓜薏米煲老鸭汤对皮肤斑点的消除和抑制作用很不错。

娇颜如花，美丽细节吃出来

花生红枣莲藕汤

材料：

猪骨200克，莲藕150克，花生50克，红枣10粒，生姜1块，盐适量，鸡粉、料酒各少许。

做法：

1.将花生洗净；猪骨洗净，剁成块；莲藕去皮，切成片；红枣洗净；生姜切丝。

2.锅中放入适量清水，烧开后放入猪骨，用中火煮尽血水，捞起用凉水冲洗干净。

3.将猪骨、莲藕、花生、红枣、姜丝一同放入炖锅中，加入适量清水，加盖炖约2.5小时，调入盐、鸡粉、料酒，即可食用。

食用指导：

花生仁含油脂多，肝脏不好的朋友不要使劲地吃，霉变的花生会致癌，千万别吃。

TIPS

莲藕含丰富的维生素C及矿物质，有益于心脏，有促进新陈代谢、防止皮肤粗糙的效果。加上具有美容养颜效果的花生和红枣，这道花生红枣莲藕汤对改善脸色暗黄非常有效。

白芷豆腐汤

材料：

白芷（药店有出售）20克，豆腐400克，生姜5克，大葱10克，胡椒粉3克，盐5克，味精3克。

做法：

1.将白芷浸泡一夜，切片，洗净；豆腐洗净，切3厘米宽4厘米长的块；生姜拍松；大葱切段。

2.将白芷、豆腐、生姜和大葱一同放入锅内，加适量的水，用大火烧沸，再用小火炖煮35分钟，加入盐、味精，撒上胡椒粉即可。

美颜一点通：

取10克白芷和10克绿豆，分别研成细末，加适量清水调成糊状，在脸上敷20分钟后洗掉，既可以美白，又可以预防或祛除脸上的痘痘。

TIPS

白芷豆腐汤有祛斑、增白的作用，适用于色斑较多、皮肤较黑者食用。

治疗雀斑的小偏方

1.将鲜胡萝卜切碎挤汁，取10~30毫升，每日早晚洗完脸后涂抹，待干后洗净。此外，每日喝一杯胡萝卜汁，可美白肌肤。

2.将柠檬搅汁，加糖水适量，长期饮用不仅可美白肌肤，还能防止黑色素沉淀，达到祛斑的作用。

3.每天喝一杯西红柿汁或常吃西红柿，对防止色斑有较好的作用。

4.洗脸时，在水中加1~2汤匙的食醋，有减轻色素沉着的作用。

5.用干净的茄子皮敷脸，一段时间后，小斑点就不那么明显了。

娇颜如花，美丽细节吃出来

补水去油

对于面部爱出油的女性来说，出门最大的困扰就是即使再精致的彩妆，几个小时下来也会全部花掉，如果眼妆较浓，一不小心还可能变成"熊猫眼"，尤其是T字部位晶亮闪烁，毫不留情夺去肌肤的粉嫩美感。

更让人沮丧的是，出油多了，还会因为油脂和外来附着的灰尘让毛孔变得粗大甚至堵塞，于是痘痘、黑头等恼人事件就会一再上演……

虽然控油是首要任务，但千万不可因此而忽略补水，因为出油多正是肌肤严重缺水引起的，水分蒸发干就只能冒油了。这也是为什么有的人脸上会出现"既出油又掉屑"的情况。所以，控油、补水是两手都要抓，两手都要硬，双管齐下才能重塑水样肌肤。

西瓜番茄汁

材料：

西瓜半个，番茄2个，白糖适量。

做法：

1.将西瓜洗净，去皮，切成块；番茄洗净，稍烫一下去皮，切小块。

2.西瓜和番茄分别放入榨汁机中榨成汁，再分别倒入杯中。

3.取干净杯子，先放入西瓜汁，加入糖，搅拌均匀，再加入番茄汁，搅和均匀，置于冰箱内冷冻。饮用时取出，加入冰水或冷开水即可。

TIPS

这道蔬果汁非常适合夏季食用，能补水解热，清暑解渴。西瓜还可激活机体细胞，起到美容和延缓衰老的作用。

红烧冬瓜

材料：

冬瓜400克，姜1片，葱2根，甜面酱1大匙，酱油1大匙，水淀粉1大匙，高汤1碗，白糖、盐、鸡精、葱油各适量。

做法：

1.冬瓜去皮、去瓤、去籽，洗净，切成3厘米长、1厘米宽的长方块；姜洗净，切成末；葱洗净，切成末。

2.锅置火上，放油烧热，放入葱末、姜末、甜面酱，爆至出香，再放入冬瓜、酱油、白糖、鸡精、盐、高汤，烧开后转小火。

3.至冬瓜块熟烂，勾芡，淋上适量葱油，拌匀即可。

食用指导：

冬瓜是寒性食物，寒性体质的人，比如经常手脚冰冷、怕冷、怕吹风的人就不要吃太多的冬瓜。

TIPS

油性皮肤一般"体内湿重"，在饮食上要注意祛湿清热，多吃凉性、平性的食物，如冬瓜、丝瓜、白萝卜、胡萝卜、竹笋、白菜、卷心菜、莲藕、黄花菜、荸荠、西瓜、鸡肉等。

蛋 黄奶香粥

材料：

新鲜鸡蛋1个，大米50克，牛奶1杯，盐少许。

做法：

1.将大米淘洗干净，用冷水浸泡1~2小时。

2.将鸡蛋洗干净，煮熟，取出蛋黄，压成泥备用。

3.将大米连水倒入锅里，先用大火烧开，再小火煮20分钟左右。

4.加入蛋黄泥，用小火煮2~3分钟，边煮边搅拌，加入牛奶调匀，再加入盐调味即可。

食用指导：

还可在这道粥里面加入黑芝麻，黑芝麻也是美容佳品，且加入这道粥中，可以增加粥的香味。但吃完黑芝麻不宜马上去户外，因为黑芝麻属于感光食物，如果吃了黑芝麻马上晒太阳，阳光照射反而会使得皮肤变黑。

TIPS

牛奶营养丰富，含有脂肪、蛋白质、维生素、矿物质，特别是含有丰富的B族维生素，具有滋润肌肤的功效。此外，喝牛奶还能帮助补充肌肤水分。

西红柿小白菜豆腐汤

材料：

豆腐1块，西红柿1个，小白菜200克，姜末少许，盐、鸡精各适量。

做法：

1.豆腐洗净切块；西红柿洗净切片；小白菜洗净切碎。

2.锅置火上，放油烧热，放入姜末爆炒，再放入西红柿炒化后，放入切碎的豆腐，翻炒片刻，加水煮10分钟。

3.放入小白菜煮沸，加入盐和鸡精调味即可。

美颜一点通：

西红柿1个，蜂蜜2大匙，面粉1大匙。将西红柿捣烂取汁，放入玻璃器皿中，加入蜂蜜与面粉，充分搅拌调匀成面膜膏，洗净脸后把面膜均匀敷于脸上，具有平衡油脂功效。

TIPS

西红柿和小白菜、豆腐均含有丰富的维生素和矿物质，三者合用，不仅能补水嫩肤，还能使沉淀于皮肤的色素和色斑减退，是美容食疗的首选。

鲫鱼绿豆汤

材料：

鲫鱼1条，绿豆30克，红萝卜1根，海带（鲜）50克，蜜枣2颗，姜2片，陈皮5克，盐适量。

做法：

1.鲫鱼剖洗干净；绿豆洗净；红萝卜洗净，去皮，切成小块；海带洗净；姜洗净。

2.锅置火上，放油烧热，放入鲫鱼，煎至两面呈金黄色，捞出控净油。

3.另置锅，放入适量清水，煮开，放入鲫鱼、红萝卜块、海带、绿豆、蜜枣、陈皮、姜片，煲2小时左右，调入盐即可。

制作要点：

鲫鱼剖洗干净后，往鲫鱼中加一些料酒或牛奶可以除去鱼腥味，还能使鲫鱼的味道更加鲜美。

TIPS

绿豆能够解暑，解渴，有助于尿液顺利排出，不仅能给身体补充水分，而且还能及时补充无机盐，对维持水液电解质平衡有着重要意义。

娇颜如花，美丽细节吃出来

银耳樱桃羹

材料：

银耳50克，樱桃30克，冰糖适量。

做法：

1.银耳用温水浸泡，至软化，去蒂，洗净；樱桃洗净，去蒂，去核切片。

2.锅内放入适量清水，烧开，放入冰糖，溶化后加入银耳，煮10分钟。

3.放入樱桃煮沸即可。

制作要点：

银耳最好是用温水或者是开水泡发，泡发后要注意去除那些呈淡黄色的东西。

食用指导：

炖好的银耳甜品放入冰箱冰镇后味道更佳，但不能放太久，不然会产生毒素。

TIPS

这道银耳樱桃羹有补水、养血、白嫩肌肤、美容养颜的功效。银耳里的胶质也具有清肠的作用，能够帮助有效地排出肠道中的废物和毒素，和樱桃一起做的这道羹还有助于排便和消脂。

子姜炒脆藕

材料:

莲藕200克，子姜1块，野山椒5个，红尖椒2个，盐、鸡精各适量。

做法:

1.莲藕洗净，去皮，切成薄片。

2.子姜洗净切丝。

3.野山椒和红尖椒切圈备用。

4.起锅热油，放入子姜和野山椒、红尖椒翻炒，稍后放入藕片，翻炒至熟，加入盐、鸡精调味即可。

制作要点:

将子姜和野山椒、红尖椒放入油中煸炒，可以让这道菜更入味。

TIPS

　　生莲藕性寒，有清热下火的功效，特别适合因血热而长"痘痘"的人食用。搭配性温的子姜炒熟后，由凉变温，有养胃滋阴、健脾益气养血的功效，特别适合因脾胃虚弱、气血不足而肌肤干燥、面色无华的人，经常食用可使肌肤更红润水嫩。

娇颜如花，美丽细节吃出来

快速去油：蒸汽蒸面 "蒸" 掉面部油光

　　用蒸汽蒸面10分钟/每次，可起到疏通毛孔、抑制皮脂分泌之作用。每天或隔天蒸或三五天蒸，要视皮肤油腻程度定。皮肤越油蒸面可勤　　次数可多，皮肤出油减少蒸面可减少次数，时间也可减少到8分钟/每次。蒸面后用清水将面部洗净，然后拍点爽肤水，再抹上保湿乳液。

排毒去痘

　　都说痘痘是青春的象征，为此有很多女人疑惑：自己已经过了所谓的大好年华，为何脸上还洋溢着一群群青春的"美丽痘"呢？有什么方法可以阻止它的肆意横生？

　　每个人一生中都会或多或少地长出一些小痘痘，在皮滑嫩白的肌肤上冒出一个痘痘确实会给美丽大打折扣。痘痘虽然很顽固，但也会被你的悉心呵护"融化"，关键是要会"吃"，因为引起皮肤长痘痘的原因很多，但最主要的原因还是体内存在过多的毒素，你必须通过饮食来将这些毒素一一排除，才能使肌肤光滑无痕。那么，现在就开始给你的脸蛋来一个从有到无的洗礼吧！

胡萝卜甜橙汁

材料：
橙子2个，胡萝卜2根。

做法：
1.将橙子去皮；胡萝卜去皮，洗净，切成小块。
2.将橙子和胡萝卜一起放入榨汁机中榨成汁。
3.榨好后立即饮用。如果你觉得汁太甜，可以加入一些薄荷叶。

食用指导：
吃橙子前后1小时内不要喝牛奶，因为牛奶中的蛋白质遇到果酸会凝固，影响消化吸收。

TIPS

这道蔬果汁能够起到清洁身体和提高身体能量的作用，可帮助炎症的消除和促进细胞的再生，能去痘养颜，还能延缓衰老。

娇颜如花，美丽细节吃出来

甜藕汁

材料：
莲藕1根，蜂蜜少许。

做法：
1.将莲藕洗净，去皮，切小块。
2.将莲藕放入榨汁机中，加适量凉开水，榨成汁。
3.将莲藕汁倒入杯中，加少许蜂蜜调匀即可。

制作要点：
榨这道甜藕汁时可以加入其他材料，如胡萝卜、西瓜等。

TIPS

中医认为，生藕性寒，有清热除烦之功，特别适合因血热而长痘痘的患者食用。每天早上喝一杯，不仅味道好，防干燥，润肺止咳，还有可能压制脸上的小痘痘。

芹菜雪梨汁

材料：
新鲜芹菜100克，新鲜雪梨150克，番茄1个，柠檬半个。

做法：
1.将芹菜洗净，切段；雪梨洗净，去皮，切小块；番茄洗净，切块；柠檬洗净，去皮，切块。
2.将所有材料一同放入榨汁机中，搅成汁状，即可服用，每天一次。

制作要点：
择芹菜的时候，可以不用去嫩叶，只要去掉老叶就好了，芹菜叶子的营养很丰富。

TIPS

芹菜中含有丰富的纤维素，可以过滤体内的废物，能刺激身体排毒。这道芹菜雪梨汁具有清热解毒、滋润皮肤、利肠通便的功效，用于痤疮的辅助治疗尤佳。

娇颜如花，美丽细节吃出来

虾皮胡萝卜粉丝汤

材料：

胡萝卜150克，粉丝100克，虾皮50克，葱丝、姜丝、香菜各少许，高汤3碗，盐1小匙，料酒1大匙，鸡精、胡椒粉各少许。

材料变变变：

胡萝卜可以用菠菜代替，菠菜也含有丰富的胡萝卜素，可排毒去痘，而且菠菜对缺铁性贫血有改善作用，能令人面色红润、光彩照人，被推崇为养颜佳品。

做法：

1.粉丝加开水烫软；胡萝卜洗净切丝；香菜洗净切末。

2.锅置火上，放油烧热，放入葱丝和生姜丝爆香，再放入虾皮煸炒几下，紧接着放入胡萝卜丝再煸炒几下，放入高汤、粉丝，烧开后撇去浮沫。

3.加入盐、料酒、鸡精、胡椒粉，撒上香菜末即可。

TIPS

胡萝卜对改善便秘很有帮助，也富含β-胡萝卜素，可中和毒素，有利于排毒去痘。

绿豆鸡蛋汤

材料：
绿豆100克，鸡蛋1个，冰糖适量。

做法：
1.将绿豆洗净后用清水浸泡1~2小时，再将绿豆连同浸泡绿豆的水一同倒入锅中，锅置火上，加入冰糖，大火煮至绿豆开花，熟烂。
2.鸡蛋磕入碗中，搅打成液，等绿豆煮好后倒入鸡蛋液，搅匀，稍凉后一次服完，连服2~3天。

食用指导：
绿豆属凉性食品，身体虚寒、阴虚者或脾胃虚寒者不宜过量食用此汤，以免引起身体不适。

TIPS

绿豆可增加肠胃蠕动，减少便秘，能有效促进排毒。鸡蛋含有丰富的蛋白质，营养全面，常食可使皮肤白嫩光滑、面容红润有光泽。

草莓绿豆粥

材料：

草莓100克，绿豆50克，糯米100克，白糖适量。

做法：

1.草莓洗净；绿豆淘净，用清水浸泡4小时，捞出控净水；糯米淘洗干净。

2.锅内放入适量清水，放入糯米与泡好的绿豆，大火烧沸，转小火，煮至糯米米粒开花，绿豆酥烂。

3.加入草莓和白糖，搅拌均匀，稍煮片刻即可。

制作要点：

要把草莓（不要去蒂）洗干净，最好用自来水不断冲洗，流动的水可避免农药渗入果实中。洗干净的草莓也不要马上吃，最好再用淡盐水或淘米水浸泡5分钟后再去蒂食用。

TIPS

这道草莓绿豆粥的营养很丰富，而且绿豆和草莓都是排毒高手，能够保持肌肤的光洁和弹性，并能美白肌肤。

桃仁山楂粥

材料：

粳米80克，核桃仁10克，山楂10克，新鲜荷叶半张。

做法：

1. 将山楂、核桃仁、荷叶分别洗净，切碎，倒入砂锅内，加入适量清水煮沸。
2. 再加入粳米，大火烧开后转小火煮成粥即可。可每天喝一碗。

食用指导：

生山楂中的鞣酸在肠胃内容易形成特别难以消化的物质，胃肠功能弱的人一定不能生吃山楂。

TIPS

这道桃仁山楂粥具有活血化瘀、清热解毒的功效，适用于粉刺症状比较严重的人食用。

如何防止痘痘留下疤痕

痘痘是个老顽固，清除它们就要非常谨慎。

防止痘痘落疤的方法是，先用玉米粒大的磨砂膏在痘痘处去一下角质，最好用柔肤水先敷一下痘痘，当痘痘顶端稍微软化后，再用粉刺针轻轻刺破一个小口，然后用药用脱脂棉轻压，吸干净脓血。等痘痘变平了之后，什么都不需要涂抹，只需让它自然干燥愈合就可以了。

娇颜如花，美丽细节吃出来

去皱紧肤

面部出现皱纹是人体衰老的一个标志。25岁以前，生命以无比青春勃发的姿态，让我们的皮肤闪耀着年轻的光辉。25岁的时候，我们的身体会达到鼎盛状态，而且随着年龄的增长，人体的各个器官会逐渐老化，皮肤也会跟着逐渐变粗、变干燥、弹性变差，以至于眼角、脖颈、嘴唇等处的皱纹开始渐次出现，昭告了青春的消逝。

衰老是自然法则，当然无法抗拒，但我们至少可以通过一些方法让这个衰老的过程来得慢一些。那么怎样抵抗早衰呢？除了市场上琳琅满目的抗衰老护肤品外，比较自然有效的方法还是饮食。

牛奶杏仁炖银耳

材料：
牛奶1杯，杏仁20克，银耳10克。

做法：
1.将杏仁洗净，加水炖10分钟。(杏仁应该去超市购买那种剥壳的软杏仁，或者购买杏仁罐头。)
2.将银耳用水泡发。
3.将杏仁、银耳加脱脂牛奶，倒入锅中，再加适量清水，煮10分钟即可。

制作要点：
银耳要去掉黄色部位，如果喜欢吃黏稠的银耳，可以将熬的时间加长。另外，还可加入冰糖同煮，效果也不错。

TIPS

　　女性常食银耳能保养肌肤，使肌肤滋润光滑、富有弹性，这也是众多明星热衷食用银耳保持容颜亮丽的一个原因。

娇颜如花，美丽细节吃出来

番茄醋拌海带

材料：
番茄2个，海带15克，醋1大匙，酱油1小匙，白糖、鸡精各适量。

做法：
1.番茄洗净，去皮，去籽，切成1厘米长的丁；海带洗净，用清水泡发，捞出切成5厘米长的段。

2.锅内放入适量清水，烧开，将海带段放入，至海带熟，捞出控净水。

3.将所有的调味料混合，搅拌均匀，放入番茄丁和海带段，拌匀即可。

制作要点：
海带不能用开水焯太久，不然海带中的营养物质很容易流失。

TIPS
番茄的抗氧化作用是胡萝卜素的两倍，清除人体自由基的作用特别强。这个番茄拌海带能促进细胞的生长和再生，具有特别好的延缓衰老的效果，也是排毒瘦身的不错选择。

银耳鱼尾汤

材料：

草鱼尾200克，干银耳2朵，干黄花菜10克，姜4片，盐1小匙，料酒适量。

做法：

1.将草鱼尾去鳞，洗净；干银耳、干黄花菜用温水泡软，洗净，银耳去蒂切小片。

2.锅置火上，放油烧热，放入草鱼尾，煎至两面微黄，盛出备用。

3.锅内加入适量清水，放入草鱼尾、银耳、黄花菜、姜片、料酒，大火煮开。

4.改小火煲约1小时，加入盐调味即可。

TIPS

银耳富有天然特性胶质，加上它的滋阴作用，长期食用可以增强肌肤的弹性，防止皱纹增生，并有祛除脸部黄褐斑、雀斑的功效。

娇颜如花，美丽细节吃出来

黄豆炖小排

材料：

小排400克，黄豆60克，干黄花菜30克，葱白1段，盐5克，鸡精少许。

做法：

1.将排骨洗净，剁成小块；黄豆拣干净杂质，用冷水泡30分钟左右；干黄花菜用温水泡发，洗净备用；葱白切段备用。

2.将所有材料放入锅中，加入适量清水，先用大火烧开，再用小火炖1小时左右。

3.加入盐，再煮10分钟左右，加入鸡精调味，即可出锅。

制作要点：

黄豆用清水浸泡时注意不要将外皮除去。

材料变变变：

黄豆还可炖猪蹄和鸡翅，猪蹄和鸡翅中含有大量胶原蛋白，而且蛋白质也很高，润肤效果非常不错。

TIPS

排骨中含有丰富的胶原蛋白，而且蛋白质含量非常高，黄豆也是高蛋白食物，两者同煮，对增加皮肤弹性、滋润皮肤十分有益。

灵芝鹌鹑蛋汤

材料：
鹌鹑蛋12个，灵芝60克，红枣12粒，白糖适量。

做法：
1.将灵芝洗净，切成细块；红枣（去核）洗净；鹌鹑蛋煮熟，去壳。
2.把全部用料放入锅内，加适量清水，大火煮沸后，小火煲至灵芝出味，加白糖，再煲沸即可。

食用指导：
感冒发热时不宜食用这道汤品。

TIPS

现代研究表明，灵芝能提高人体免疫力，有健肤抗衰老的作用。灵芝与含蛋白质丰富的鹌鹑蛋和补血养颜的红枣同用，能抗衰老，减少脸上皱纹，滑润皮肤。

杏仁花生粥

材料：
大米50克，杏仁30克，花生50克，枸杞少许，白糖适量。

做法：
1.大米淘洗干净，用适量清水浸泡30分钟；花生洗净，用清水浸泡至软；杏仁用热水烫透。
2.大米放入锅中，加入适量清水，大火煮沸，转小火，放入花生，煮约45分钟。
3.放入杏仁和白糖，搅拌均匀，煮15分钟，加枸杞点缀即可。

TIPS

杏仁自古就是公认的美容佳品，具有平衡血糖、消除毒性自由基、抗衰老的功效。花生含有丰富的维生素E和矿物质，具有抵抗肌肤老化和滋润皮肤的功效。

花生芝麻糊

材料：
花生仁200克，黑芝麻100克。

做法：
1. 将花生仁用油炸熟；黑芝麻炒香。
2. 将花生仁和黑芝麻一同放入搅碎机，充分搅碎成粉末状，放入密封的玻璃罐中保存。
3. 食用时用干净的勺子盛到碗里，加入开水一冲即可。喜欢吃甜味的，可适量加点蜂蜜。

制作要点：
花生最好不要将外面的"红衣"剥掉，因为"红衣"具有极好的补血功效。

TIPS

花生和黑芝麻中富含维生素E，是30岁女性抗衰老的首选食品，而且芝麻中还含有强力抗衰老物质芝麻酚，是预防女性衰老的重要滋补食品。

娇颜如花，美丽细节吃出来

黑豆抗衰："膜"法师为你打造娇嫩容颜

黑豆蜂蜜面膜

做法：黑豆粉5小勺，蛋黄1个，蜂蜜少量。将黑豆粉、蜂蜜、蛋黄混合调匀，洗净脸后把面膜敷在面部，注意避开眼、唇周围，15分钟后洗净脸部即可。

养颜功效：蛋黄和蜂蜜都有超强的保湿功效，黑豆富含维生素E，是天然抗氧化、抗衰老的好材料。这款面膜具有非常不错的补水保湿效果，可以消除面部刚滋生的假性小细纹。

明眸善睐

"前世的五百次回眸才能换得今生的一次擦肩而过，那么，我要用多少次回眸才能真正住进你的心中？"席慕蓉的这句诗，曾经迷倒了多少少男少女。

眼睛是心灵的窗户，明眸善睐的女子最容易吸引异性的目光，因此，很多单眼皮小眼睛的女生希望通过整形手术来改变。可这毕竟是手术，多多少少存在着一定的风险，其实，真正美丽的眼睛不是双眼皮大眼睛，而是眼神的清澈明亮、含情传意，只有水润亮泽的双眼，才真正有"明眸善睐"、"顾盼生辉"的风采。

可是，随着年龄的增长、电脑的普及，我们的眼睛也开始疲劳了。干涩、灼热、血丝、怕光、流泪、红肿……双眸越来越失去了往日的神采。那么，如何做一个明眸善睐的魅力女人呢？还是要从吃开始。

枸杞菊花茶

材料：
枸杞10克，菊花8朵，冰糖数粒。

做法1：
将枸杞和菊花放在漏网中小心冲洗干净，放入茶壶中，加1000毫升沸水冲开，盖上盖子闷10分钟后放入冰糖调味即可。

做法2：
将枸杞和菊花放在漏网中小心冲洗干净，先放枸杞加水1200毫升，大火煮沸，转小火炖煮10分钟，再将菊花放入，大火煮沸后熄火闷5分钟，加入适量冰糖调味即可。

制作要点：
枸杞子以宁夏出产的为好，菊花可用黄山菊花，一般超市均有出售。

TIPS

枸杞子味苦，性平，具有补肝肾、益精血、明目的功效。菊花性凉，具有清凉明目的功效。经常服用枸杞菊花茶可以有效地改善和保护电脑工作者的视力。

娇颜如花，美丽细节吃出来

黑豆核桃奶

材料：
黑豆粉1匙，核桃仁泥1匙，牛奶1包，蜂蜜1匙。

做法：
1.将牛奶放入锅中，煮沸。
2.将黑豆粉、核桃仁泥冲入煮沸过的牛奶中，加入蜂蜜，每天早餐后服用，或与早点共进。

TIPS

黑豆含有丰富的蛋白质与维生素B1等，营养价值高，又因黑色食物入肾，配合核桃仁，可增加补肾力量，让你气色红润，秀发乌黑。再加上牛奶和蜂蜜，还能增强眼内肌力，改善眼疲劳的症状。

黄瓜木耳炒猪肝

材料：

猪肝150克，黄瓜1根，木耳3朵，葱、姜、蒜末各少许，淀粉、水淀粉各1大匙，料酒、酱油各半大匙，盐、味精、白糖各少许，高汤适量。

做法：

1.猪肝洗净，切成片，用淀粉、少许盐拌均匀；黄瓜洗净，切成片；木耳泡发后择洗干净，撕成小朵。

2.锅置火上，放油烧热，放入猪肝，用筷子轻轻搅散，待8成熟时，倒入漏勺中沥净油。

3.另起锅热油，放入葱、姜、蒜末、黄瓜、木耳稍炒几下，再将猪肝回锅，迅速洒上料酒、酱油、盐、白糖、味精、高汤，用水淀粉勾芡翻炒均匀即可。

食用指导：

孕妇不要吃黑木耳，因为黑木耳有活血化瘀的功效，不利于胎儿的稳定和生长。

TIPS

猪肝可以为身体补充丰富的维生素A。维生素A缺乏会引起角膜上皮细胞脱落、增厚、角质化，使原来清澈透明的角膜变得像毛玻璃一样模糊不清，甚至引起夜盲症、白内障等眼疾。

虾丸鸡蛋汤

材料：

虾400克，鸡蛋1个，火腿、扁豆、小西红柿各少许，香油、盐、胡椒粉、鸡精、葱末各适量。

做法：

1.虾去壳，去肠泥后洗净沥干，剁碎；鸡蛋打散，加入剁碎的虾、盐和胡椒粉搅拌均匀，制成虾丸。

2.锅置火上，放油烧，放入火腿煸炒几下后，加适量清水煮开。

3.随即加入西红柿片、扁豆及虾丸，烧开，待蔬菜稍软，加入葱末、鸡精、香油、盐调味即可。

制作要点：

清洗虾仁前，可以调制一碗稀薄的醋液（一碗水、一小匙白醋），将虾仁放进去浸泡一会儿，这样可以洗去硼砂，使虾肉呈天然的肉红色。

TIPS

西红柿含有丰富的维生素C和维生素A，可以缓解眼睛疲劳，让眼睛水润美丽，与虾丸鸡蛋煮汤，还能使身体摄取均衡的营养。

番茄玉米鸡肝汤

材料：

鸡肝250克，西红柿1个，玉米1根，蘑菇3朵，姜少许，料酒、盐、淀粉、香油各适量。

做法：

1.用刀切去鸡肝表面的筋膜，洗净后切成薄片。取一个大碗，倒入白醋和清水搅匀后，放入切好的鸡肝片，浸泡20分钟。

2.将鸡肝浸泡20分钟后，倒掉水，并用清水冲洗鸡肝2次，沥干水，放入碗中调入料酒、盐和淀粉抓拌均匀，并腌制10分钟。

3.把番茄洗净，切成5厘米大小的块；姜去皮切丝；玉米洗净后切成大块。

4.锅中放入玉米、姜丝、清水和一半量的番茄块，大火煮开后转小火煮10分钟。此时倒入剩余的一半番茄块，加入盐调味，后改成大火，放入鸡肝煮沸，大约1分钟后至鸡肝变色，最后滴几滴香油即可。

制作要点：

在清水中调入白醋，然后浸泡鸡肝，可以去掉散存于肝血窦中的毒物。

TIPS

番茄含维生素C，可以防止眼睛晶状体混浊性白内障、角膜炎及虹膜出血。鸡肝可以促进视网膜感光物质的合成，提高人体对昏暗光线的适应力，保护眼睛视力。

娇颜如花，美丽细节吃出来

咸鱼黄豆粥

材料：

大米200克，黄豆50克，咸鱼100克，豌豆粒、葱花、姜丝各适量，味精1小匙，胡椒粉少许。

做法：

1. 黄豆洗净，浸泡12小时，捞出，用沸水焯烫，除去豆腥味。

2. 大米淘洗干净，浸泡30分钟；豌豆粒焯水烫透备用。

3. 锅中放入大米、黄豆、清水，大火煮沸，转小火慢煮1小时。

4. 待粥黏稠时，放入咸鱼、豌豆粒，搅拌均匀，撒上葱花、姜丝、味精、胡椒粉，出锅装碗即可。

制作要点：

咸鱼很咸，先蒸过可去除咸味和腥味，且黄豆中不可再加盐，以免太咸。

TIPS

维生素B$_1$缺乏时，会出现眼睛干涩、结膜充血、眼睑发炎、畏光、视力模糊、易疲劳等症状，甚至发生视神经炎。黄豆含维生素B$_1$较丰富，可以防止眼睛出现上述症状。

冬瓜大枣莲子粥

材料：

粳米100克，新鲜连皮冬瓜100克，莲子30克，大枣20克，枸杞1大匙，冰糖2大匙。

做法：

1.粳米淘洗干净，用清水浸泡30分钟；莲子用水浸泡至软；冬瓜洗净，切成块。

2.将粳米连同冬瓜块、莲子一同放入锅中，加适量清水，大火烧开。

3.加入大枣和枸杞，转小火慢熬，煮为稀粥，用冰糖调味即可。

TIPS

冬瓜和大枣都含有丰富的维生素，对保护眼睛、防止视力伤害、防治眼疾、提高视力非常有利。枸杞也是很好的护眼食材，可降低眼睛敏感，减少流泪。

娇颜如花，美丽细节吃出来

眼部热敷，给你的眼睛做个"SPA"

眼部热敷可促进眼睛周围的血液循环，减轻眼睛疲劳，同时将泪水排放孔张开，让泪水分泌畅通，增加眼睛的湿度，解除疲劳、干涩的问题。

眼部热敷的方法相当简单，只要将热毛巾盖在眼皮上，一次5～10分钟，一天进行两次即可。轻微的干眼症患者因为下午时症状会比较明显，通常医师建议下午、晚上各敷一次。

美白牙齿

随着现代人审美意识的不断提高，越来越多的人重视牙齿的美白，并不断地寻求美白牙齿的方法，如洗牙，使用美白牙膏、牙贴、牙粉、牙线等美白用品，这些对牙齿的美白都能起到一定的作用。但也不可忽视了饮食，因为牙齿的好坏与饮食营养有着重要的关系。牙齿的主要成分是钙和磷，钙和磷需从食物中获得。人体对钙和磷的摄入充足，加上讲究口腔卫生，牙齿自然就坚固而洁白了。

西兰花乳酪汤

材料：

西兰花150克，土豆1个，鲜乳酪1小块，盐适量，胡椒粉适量，豆蔻粉半小匙。

做法：

1.将西兰花去茎，掰成小朵，洗净，保留数朵菜花，其余剁碎；土豆洗净削皮，切丁。

2.在汤锅中添加适量的清水，放入西兰花碎块和土豆丁，煮约90分钟，至蔬菜变得软烂。

3.把鲜乳酪放入汤中，搅拌均匀，加盐、胡椒粉和豆蔻粉调味。

4.再将保留的几朵菜花放入汤中，继续煮2分钟即可盛入汤盘中。

制作要点：

西兰花最好提前放在盐水中浸泡几分钟，以去除菜虫和残留农药。

TIPS

乳酪是钙和磷的良好来源之一，钙及磷酸盐可以平衡口中的酸碱值，避免口腔处于有利于细菌活动的酸性环境，防止蛀牙；经常食用能增加齿面钙质，使牙齿更为坚固洁白。

香辣芹菜豆干丝

材料：

芹菜300克，白豆干8块，红椒2个，辣椒油、花椒粉、盐、味精各适量。

做法：

1.将白豆干切细丝，用水冲泡；芹菜去叶切段，放开水内略焯，过凉；红椒去籽，洗净切丝。

2.温水加入盐和味精，把豆干泡入水中5分钟，捞起沥干。

3.锅置火上，放辣椒油烧热，放入豆干、芹菜和红椒翻炒至熟，加盐、花椒粉、味精略炒即可。

制作要点：

这道菜也可以用凉拌的，即将所有材料汆烫后加调味料拌匀食用。

TIPS

纤维粗就像扫把，扫掉牙齿上的部分食物残渣，另外越是费劲咀嚼就越能刺激分泌唾液，平衡口腔内的酸碱值，达到自然的抗菌效果。

鸡蛋香菇韭菜汤

材料：

鸡蛋2个，香菇5朵，韭菜50克，高汤1碗，盐、味精各适量。

做法：

1.鸡蛋磕入碗中，搅打成液；香菇用温水浸泡后，去蒂洗净，切成细丝，再用开水焯熟；韭菜择洗干净，切段、汆熟。

2.锅置火上，放油烧热，放入鸡蛋用小火煎炸至熟，放入汤锅内。

3.汤锅置火上，放入高汤、盐；待汤开后，加韭菜和香菇以味精调味，起锅倒入汤碗内即可。

制作要点：

喜欢吃香菜的人可以放点香菜，比较提味道。

食用指导：

韭菜多食会上火且不易消化，因此阴虚火旺、有眼病和胃肠虚弱的人不宜多食；脾胃寒湿气滞或皮肤瘙痒病患者忌食香菇。

TIPS

香菇中还含有鲜香味的物质鸟苷酸和香菇精，气味芳香，有助于口气清新；所含的香菇多醣体可以抑制口中的细菌制造牙菌斑，同时还能美白牙齿。

娇颜如花，美丽细节吃出来

茶香油爆虾

材料：
虾300克，绿茶 20克，干辣椒、盐、味精、淀粉各适量。

做法：
1.绿茶用少量沸水泡开；干辣椒洗净切碎。
2.虾处理清洗干净，用盐、味精、浓茶水腌30分钟，捞出后，将虾身均匀裹上淀粉。
3.锅置火上，放油烧热，放入虾，炒至金黄色，捞出沥油。

4.锅留底油，倒入泡好的绿茶和干辣椒，加入炸好的虾爆炒2分钟即可。

材料变变变：
绿茶可以用薄荷茶代替，薄荷也有保护牙齿、清新口气的作用。

食用指导：
绿茶里面含有咖啡因，孕妇应限量饮用。

TIPS

虾含钙质丰富，可以使牙齿更加坚固。绿茶含有大量的氟，可以和牙齿中的磷灰石结合，具有抗酸防蛀牙的效果。另外，绿茶还有清新口气的作用。

冰糖雪梨蜂蜜水

材料：

雪梨1个，蜂蜜、冰糖各适量。

做法：

1.先把梨洗净，切成块，放入锅内。

2.锅置火上，加适量水和冰糖，大火煮沸后，小火煮至梨变成暗色（也就是说软了），熄火。

3.等梨汤凉至40℃以下，就可以调入蜂蜜饮用了。

TIPS

蜂蜜可以抑制细菌生长，减少酸类物质的数量，起到保持口腔卫生、保护牙齿的作用。但要注意，由于这道冰糖雪梨蜂蜜水含糖量较高，吃完3分钟后记得漱口，以免长蛀牙。

娇颜如花，美丽细节吃出来

奶油通心粉

材料：

通心粉200克，水发香菇、胡萝卜、油菜心各50克，盐、味精各少许，奶油3大匙。

制作要点：

喜欢吃芥末的话，可以在炒通心粉时加入少许芥末酱。芥末有杀菌的功效，能有效地防止蛀牙。

做法：

1.香菇洗净，去蒂切片；胡萝卜洗净，去皮切片；油菜心洗净，切成两半。

2.锅内放水，烧至水温热时，放入通心粉，大火烧沸后转中火，加少许盐，煮15分钟，至9成熟时，捞出沥干水分。

3.锅置火上，放油烧热，放入通心粉、盐、味精翻炒2分钟，再放入奶油、香菇、胡萝卜、油菜心等，翻炒均匀，出锅装盘即可。

TIPS

香菇对保护牙齿也很有帮助。香菇里所含的香菇多醣体，可以抑制口中的细菌制造牙菌斑。奶油是钙的良好来源之一，钙摄取不足会动摇骨本，耗损牙齿健康，所以适当地食用奶油能强根健齿，增强牙齿的抵抗力。

芹菜胡萝卜粥

材料：

芹菜50克，胡萝卜50克，西红柿50克，大米100克，姜末、葱花各适量，盐适量。

做法：

1.先将西红柿洗净，用开水烫一下，剥皮去子瓤，切成小块；胡萝卜洗净切丝；芹菜洗净沥水切成末。

2.大米淘洗干净，放入锅中，加水1000毫升，用大火烧开后转用小火熬煮成稀粥，加入胡萝卜丝、芹菜末、西红柿块，稍煮，再加入盐、姜末、葱花调味即可。

TIPS

芹菜中含有大量的粗纤维，吃芹菜时能擦去不少黏附在牙齿表面的细菌。西红柿和胡萝卜都含有丰富的维生素C，同样具有杀灭有害菌、保护牙齿的作用。

娇颜如花，美丽细节吃出来

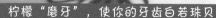

柠檬"磨牙"，使你的牙齿白若珠贝

用柠檬汁洁白牙齿，方法如下：

每晚在刷牙后，用纱布蘸些柠檬汁，摩擦牙齿，一段时间后牙齿就会变得洁白光亮，并且保持很久。因为柠檬的洗净力强，又有洁白作用，且含有维生素C，能强根固齿。

光泽秀发

想让美丽加倍，对于头发和头皮的照顾是必需的。"美容大王"大S为了让自己更加完美，对秀发的爱护近乎变态。当然，我们并不提倡这种过度的保养，但要成为一个真正的美女，秀发的闪亮是不可缺少的因素之一。头发除了要注意外在的保养，如选用适合自己的洗发水和护发素，注意正确洗头的方法，定期修理分叉的头发等等外，也不可忽视头发的饮食内养。

头发的外观虽然是没有生命的角质化蛋白质，但它之所以会不断地生长，是因为头发上的毛乳头吸收来自我们身体内部的营养，如果我们平日吃的食物没有提供足够养分给头发，头发就很难长得茂密、有光泽。所以饮食才是美发的根本之道。

海带炖豆腐

材料：

海带20克，豆腐100克，五花肉50克，姜2片，葱2根，高汤1碗，大酱1大匙，料酒1大匙，鸡精适量。

做法：

1.海带洗净，放入清水中泡发，捞出，切成粗丝；豆腐洗净，切成3厘米见方的块；五花肉刮洗干净，切成片；姜洗净；葱洗净，切成末。

2.锅置火上，放油烧至六成热，放入五花肉片和姜片，中火煸至肉片两面微黄，盛起备用。

3.锅留底油，放入豆腐，煸至豆腐四面呈黄色，加入高汤，放入海带丝、五花肉片，加入大酱、料酒、鸡精，大火烧开，转小火，炖至熟，起锅前撒上葱末即可。

制作要点：

如果有时间的话，海带尽量用清水泡6个小时左右，口感会好一些。

TIPS

海带含有丰富的碘，能增强甲状腺的分泌功能，有利于增强秀发的光泽。

娇颜如花，美丽细节吃出来

柚皮冬瓜瘦肉汤

材料：

柚皮1/4个，冬瓜200克，瘦肉200克，薏米20克，莲子50克，姜2片，盐适量。

做法：

1.将浸水后榨干水分的柚皮放入滚水内煮40分钟，取出洗净再榨干水分。

2.冬瓜洗净切块；瘦肉洗净，汆烫后再洗净。

3.煲滚适量水，下所有材料，煲滚后改慢火煲2小时，下盐调味即可。

何首乌炖排骨

材料:
猪排骨（大排）500克，何首乌50克，黑豆50克，大葱、料酒、盐各适量。

做法:
1. 将猪排骨切成小段，放入沸水中氽烫一下备用。
2. 何首乌、黑豆洗净备用；大葱洗净切花。
3. 将何首乌、黑豆、排骨、葱花、料酒、盐一同放入砂锅中，用大火烧开，改用小火炖至熟烂即可。

材料变变变:
还可做成何首乌煮鸡蛋，对改善头发枯黄同样有效。做法是：将何首乌放入锅中，加入适量清水，加入整个鸡蛋（没去壳），共煮。蛋熟时取蛋剥壳，再煮15分钟加盐适量，稍煮片刻，吃蛋喝汤。

TIPS

何首乌含有丰富的锌，而锌正是头发生长所需的重要元素，一旦缺锌，头发就会少而黄脆，所以，经常饮用何首乌汤可改善头发枯黄。

娇颜如花，美丽细节吃出来

黑豆红枣汤

材料:

黑豆50克,红枣10粒,红糖适量。

做法:

1.黑豆洗净,浸泡12小时;红枣洗净备用。

2.将黑豆和适量清水放入砂锅中,大火煮开,小火炖到豆熟。

3.加入红枣和红糖再炖20分钟即可。

制作要点:

黑豆可作"零食"长期食用。做法是:将黑豆洗净后放入锅中,加入1000毫升水,大火煮沸后改用小火熬煮。煮至水快干、豆粒饱胀时,熄火,将黑豆取出放在器皿上晾干,然后撒细盐少许,存放在瓷瓶内。每次吃6克或稍多,一日两次,温开水送下。

TIPS

黑豆可防止毛发脱落,对早秃、斑秃、脂溢性脱发、产后脱发、病后脱发均有治疗作用。

韭菜粉丝饺子

材料： 面粉200克，韭菜300克，粉丝100克，鸡蛋2个，盐、味精、胡椒粉、香油各适量。

材料变变变：
这里的粉丝可以用其他材料代替，如豆干、香菇、瘦肉、虾等。

做法：

1.韭菜洗净，切末；粉丝用温水泡软，切成1厘米长的段；鸡蛋打散炒熟，剁碎。

2.上述材料加入盐、味精、胡椒粉、香油搅拌均匀成内馅，备用。

3.面粉加入水揉成面团，稍醒，搓成条状，擀成圆皮，包入馅料，捏严封口。

4.然后放入沸水煮熟即可。

TIPS

韭菜能美化皮肤，有助于黑色素的运动，有助头发恢复乌黑亮丽，并且，韭菜中含有丰富的纤维质，能促进头发生长，不断增加头发的数量。

娇颜如花，美丽细节吃出来

百合莲藕汤

材料:

鲜百合100克,莲藕100克,梨1个,盐少许。

做法:

1.将鲜百合洗净,撕成小片状;莲藕洗净去节,切成小块,煮约10分钟;梨切成小块。

2.将梨与莲藕放入清水中煲2小时。

3.加入鲜百合片,煮约10分钟,最后放入盐调味即可。

TIPS

此汤具有生津润燥、清热化痰、养发护发、促食欲的功效。雪梨可降低坏胆固醇,提高好胆固醇,保护毛发。

枸杞黑芝麻粥

材料：
黑芝麻30克，粳米100克，
枸杞子10克。

做法：
1. 将黑芝麻淘洗干净；粳米淘洗干净；枸杞子洗净。
2. 将三种原材料一同放入锅中，加入适量清水，煮成粥。

材料变变变：
枸杞子可以用红枣代替，做法是一样的。

TIPS

　　黑芝麻具有补肝肾、益气力等功效，可用于治疗肝肾精血不足所致的眩晕、须发早白、脱发、腰膝酸软、四肢乏力、皮燥发枯等病症。

梳头养发法——"梳头过千，头不白"

　　"梳头过千，头不白"，意思是梳头就可以让头发保持乌黑。梳头可以促进头皮的血液循环，有利于头皮的新陈代谢，对于养护头发确实有诸多好处，但一定要注意方法。

　　首先，最好选用角质或木质的梳子，它有助于头发润泽，增加毛囊的营养供应，使皮脂均匀分泌，还能避免产生静电。梳子还不能太密。如果没有这样的梳子，也可以使用手指。

　　其次，要注意梳头的顺序，要从前额开始向后梳。如果用手指的话，还可以稍用力在头部按摩，对头发的养护很有好处。

娇颜如花，美丽细节吃出来

唇色诱人

相比较于面部其他部位而言，唇部可能是最容易被女人们忽略的地方。平日里只管涂抹口红或唇膏，却一直忽略认真给嘴唇做个护理。其实，红润健康的自然唇色，是任何唇膏都无法描画出来的。

唇部的皮肤其实非常细嫩，没有角质层，就相当于处在不设防的状态，一不注意就容易干燥，严重的还会爆皮。唇部干燥，容易出现干裂、爆皮，主要是因为缺水，另外，细心的你可能会发现自己的嘴唇的颜色会在不知不觉中或深或浅地变化着。其实，这些表征都是来自身体的健康警告，光靠外在美容是解决不了根本问题的，所以，一定要注意由内而外地保养好娇嫩的嘴唇。

黄瓜猕猴桃汁

材料：

黄瓜200克，猕猴桃30克，凉开水200毫升，蜂蜜2小匙。

做法：

1.将黄瓜洗净去籽，留皮切成小块；猕猴桃去皮切块。

2.将黄瓜和猕猴桃一起放入榨汁机，加入凉开水搅拌，倒出加入蜂蜜于餐前一小时饮用。

材料变变变：

其他富含维生素的水果蔬菜也可以使用，如西红柿、柚子等。

美容小提醒：

嘴唇干千万别用舌头舔，那样只会更干。

TIPS

黄瓜性甘凉，能入脾胃经，清热解毒，利水。可治疗身热、烦渴、咽喉肿痛。而猕猴桃性甘酸寒，能入肾和胃经，解热止渴，所以两种合用能滋润口唇。

娇颜如花，美丽细节吃出来

雪梨汁

材料：
雪梨2个。

做法：
1. 将雪梨洗净，去核，切块。
2. 将梨放入榨汁机中榨成汁。
3. 将榨取的汁液放入锅中，上火煮开，不加糖或者蜂蜜。

TIPS

这道雪梨汤对手脚心热、干咳、嘴唇开裂等特别有效，制作起来也非常简单，可经常食用。

蜜酿白梨

材料：

大白梨1个，蜂蜜50克。

做法：

1.将大白梨洗净，切半去核。

2.将白梨放入碗中，加蜂蜜，隔水蒸熟。

TIPS

这道蜜酿白梨对口唇干裂、久咳有特效，一天两次，吃出健康红唇。

娇颜如花，美丽细节吃出来

冰糖银耳汤

材料：
银耳20克，冰糖、枸杞子各适量。

做法：
1. 将银耳先冲洗几遍，然后放入碗内加冷开水浸泡。
2. 浸泡1小时左右待银耳发涨以后挑去杂物。
3. 把银耳放入炖锅内，再加入适量水，小火炖1~2小时。
4. 银耳炖烂出胶质以后加冰糖稍煮片刻，用枸杞子点缀即可。

制作要点：
用来炖汤不妨选择偏黄一些的银耳，口感会好一些，冰镇后的银耳汤喝起来效果更好。

TIPS

　　每日服用两次，滋阴润肺、止咳、降脂，对唇部也很滋养，但要注意，风寒咳嗽及感冒者忌服。

鸭子汤

材料：
鸭1只，生姜适量。

做法：
1.将活鸭宰杀后，去毛、内脏并洗净后斩成块。
2.将鸭块置于锅中，加入适量清水和生姜炖熟即可。

食用指导：
鸭子性凉，身体虚寒或受凉所致的不思饮食者及腹冷痛、腹泻、腰痛、痛经者暂不宜食用本品。

TIPS

这道鸭子汤能够排除体内废水，补阴生津，滋润皮肤，缓解唇部干裂情况，非常适合夏天食用。

娇颜如花，美丽细节吃出来

百合荸荠排骨汤

材料：

猪小排骨250克，荸荠10粒，新鲜百合30克，杏仁5粒，姜2片，盐适量。

做法：

1. 新鲜百合洗净剥瓣；杏仁洗净；荸荠去皮洗净；猪小排骨洗净，入沸水汆烫。

2. 锅置火上，放水烧开，放入所有材料及姜片熬煮至熟烂，加盐调味即可。

桑葚膏

材料:
桑葚适量,蜂蜜适量。

做法:

1.取新鲜的桑葚,搅拌成汁,置于小火上慢慢熬至浓稠(量为原来一半即可)。

2.再加入蜂蜜,继续小火细熬成膏,装入瓶中密封。

3.每日清晨用20毫升温开水或黄酒服下,每晚再薄薄涂于唇上。

TIPS

这道桑葚膏可滋阴养血,润肤通血气,令双唇红润迷人。

娇颜如花,美丽细节吃出来

长期干燥起皮试试下面4个小窍门

1.蜂蜜具有很强的保湿嫩肤效果,可每晚将蜂蜜薄薄地涂在嘴唇上,保留20分钟。

2.睡前将橄榄油涂在嘴唇上吸收20分钟以上,然后擦净,坚持一段时间后,唇部就会湿润饱满。

3.奶粉也有润唇的功效,可将两匙奶粉调成糊状,厚厚地涂在嘴唇上,充当唇膜。

4.还可在双唇上涂大量的护唇膏,再用保鲜膜将唇部密封好,接着再用温热毛巾在唇上敷5分钟,也可增加润唇效果。

专　题

月经期间怎么吃

是不是只要每个月的"那个"一来，你立马就感觉自己"老"了好几岁？肤色黯淡、眼圈发黑、皮肤粗糙、全身难受……让你看上去"花容失色"，和平时的样子大相径庭。为什么会这样？

这是因为月经期间女性体内的激素水平出现了变化，加上大量失血，身体变得比较虚弱的缘故。这种变化虽然令人苦恼，却也不是毫无对策。只要掌握了月经期的生理特点，并进行有针对性的调养，不但可以继续保持美丽的容颜，还能趁机对自己的身体进行调节，改善体质，使自己真正变成一个明媚可人的"桃花美人"，从内到外精神焕发！

经期饮食注意事项

自从初潮来后，月经就会陪伴女人数十年。月经期间是女性的特殊生理期间，所以在饮食方面要注意一些饮食宜忌。

宜清淡，忌酸辣

月经期的女性常感到非常疲劳，消化功能减弱，食欲欠佳。为保持营养的需要，饮食应以新鲜为宜。新鲜食物不仅味道鲜美，易于吸收，而且营养破坏较少，污染也小。

另外，月经期的饮食在食物制作上应以清淡易消化为主，少吃或不吃油炸、酸辣等刺激性食物，以免影响消化和辛辣刺激引起经血量过多。

宜温热，忌生冷

中医认为，血得热则行，得寒则滞。月经期间食用温热食物有利于血运畅通，如食生冷，一则伤脾胃碍消化；二则易损伤人体阳气，易生内寒，寒气凝滞，会使血运行不畅，造成经血过少，甚至痛经。所以即使在盛夏季节，也不宜吃冰淇淋及其他冷饮。

忌酸涩性食物

一般酸性食物会有收敛、固涩的特性，食用后易使血管收敛，血液涩滞，不利于经血的畅行和排出，从而造成经血瘀阻，引起痛经。所以有痛经症状的女性在经期应避免食用酸涩性食物，如米醋和以醋为调料制作的酸辣菜、泡菜，以及石榴、青梅、杨梅、杨桃、樱桃、柠檬等酸性水果。

忌吃寒凉性食物

经期内应少吃或不吃属性偏凉的食物，例如冰品、冬瓜、茄子、丝瓜、黄瓜、蟹、田螺、海带、竹笋、橘子、梨子、柚子、西瓜等等。这些食物大多有清热解毒、滋阴降火的功效，平时食用，对身体有益，但在月经期间食用易使血管收缩、血液瘀滞，从而引起经血排泄不畅而造成痛经等问题。

月经期间怎么吃

经期应该多吃的食物

红枣：红枣具有强筋壮骨、补血行气、滋润容颜的功效，是女性益中补气、生津养血的滋补良药。常吃红枣对经血过多而引起贫血的女性来说非常有益，同时还可改善面色苍白和手脚冰冷等症状。

推荐美食：红枣黑豆炖鲤鱼

材料：

鲤鱼1条（约500克），红枣10粒，黑豆20克，盐、鸡精各适量。

做法：

1.鲤鱼去鳞、鳃和内脏，洗净；红枣去核，洗净。

2.黑豆放锅中炒至豆壳裂开，洗净。

3.将鲤鱼、黑豆、红枣放入炖盅里并加入适量水，盖好，隔水炖3小时。

4.调入盐和鸡精即可。

猪肝：猪肝中的铁元素是制造血红蛋白的重要原料，可以恢复血液的流通，造血生血，起到治疗和预防贫血的作用，具有养血补虚的功效。处于生理期的女性由于铁元素随着经血大量流出，体力也随之下降，食用猪肝可以让你迅速恢复身体机能。

推荐美食：菠菜猪肝汤

材料：

鲜猪肝200克，鲜菠菜100克，姜2片，酱油1小匙，淀粉2小匙，盐2小匙，鸡精少许。

做法：

1.菠菜洗净，切段，汆烫后沥干水分；姜去皮，洗净。

2.猪肝洗净，切片，加酱油、淀粉拌匀腌10分钟，放入滚水中汆烫，捞出，沥干。

3.锅中倒6杯清水（或高汤）煮开，放入姜片及猪肝煮熟，再加入菠菜，加入盐及鸡精调味即可。

红糖： 红糖中含有丰富的矿物质，具有益气、缓中、助脾化食、补血破瘀等功效，还兼具散寒止痛作用，对于女性经期受寒、体虚或瘀血所致的行经不利、痛经、经色暗红兼腹冷痛等症，效果非常好。

推荐美食：红糖姜汤

材料：

姜20克，大枣（干）15克，红糖50克。

做法：

1.将大枣洗净，去核；生姜洗净，切片。

2.将红糖、大枣放入锅中，加入适量清水，煎煮20分钟后，加入生姜片盖严，再煎5分钟即可。

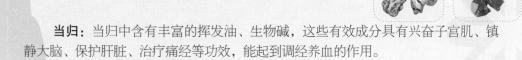

当归： 当归中含有丰富的挥发油、生物碱，这些有效成分具有兴奋子宫肌、镇静大脑、保护肝脏、治疗痛经等功效，能起到调经养血的作用。

经期的健康饮食

食物： 胡萝卜、红苋菜、菠菜、大枣、龙眼肉、猪肝、猪心、羊肝、牛肝、鸡肝（动物肝脏）、蛋类、鲫鱼、猪蹄、排骨、豆腐、茼蒿、西兰花、南瓜、玉米、山药、扁豆、红豆等食物。

中药： 当归、白芍、阿胶、熟地黄、何首乌等。

药膳： 归芪乌鸡汤、首乌黄芪乌鸡汤、桂圆红枣粥等。

推荐美食：当归生姜炖羊肉

材料：

当归6克，生姜2片，羊肉150克，料酒、盐各适量。

做法：

1.先将羊肉洗净切成小块，入沸水锅中汆烫去掉羊腥味。

2.生姜切片与洗净的当归和羊肉一起放进炖盅内，加入适量清水和料酒，隔水炖2小时，最后加入盐调味即可。

调补气血

调，即调理！

大部分女人都有痛经的情况，中医认为痛经的产生主要是因为气血运行不顺畅，即所谓的"不通则痛"。所以，要缓解痛经必须疏通气血，使气血流畅。

补，即补益！

女性中绝大多数人都有气血虚弱的症状，尤其是月经期间，气血虚弱的女性多表现为头晕同时伴随月经量少、色淡、面色苍白、牙龈舌头淡、心悸、神疲乏力等症状。另外，由于月经期间要流失大量经血，容易造成气血亏损，所以不管是经期还是经期前后，都要注意补气血。

气血充足，并流畅不滞，女人才会健康，才会美丽。

气虚与血虚的症状及饮食调养

气虚

症状表现：少气懒言、全身疲倦乏力、声音低沉、动则气短、易出汗、头晕心悸、面色萎黄、食欲不振、虚热、自汗、脱肛、子宫下垂、舌淡而胖、舌边有齿痕、脉弱等。

饮食调养：常吃补气益气食物，如牛肉、鸡肉、猪肉、糯米、大豆、白扁豆、大枣、鲫鱼、鲤鱼、鹌鹑、黄鳝、虾、蘑菇等。可经常交替食用。

补气的药物可选用人参、黄芪、党参等。

血虚

症状表现：面色萎黄苍白，唇色淡白，头晕乏力，眼花心悸，失眠多梦，大便干燥，月经延后、量少色淡，舌质淡，苔滑少津，脉细弱等。

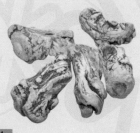

饮食调养：常吃补血养血的食物，如菠菜、黑豆、胡萝卜、金针菜、莲藕、黑木耳、鸡肉、猪肉、羊肉、海参等；水果可选用桑葚、葡萄、红枣、桂圆等。

补血药物可选用当归、藏红花、熟地、川芎、白芍、阿胶等。

推荐食谱

红枣莲子木瓜汤

材料：

木瓜1个，红枣10粒，莲子15粒，蜂蜜、冰糖各适量。

做法：

TIPS

木瓜是尽人皆知的美白食品，能消食健胃、美肤养颜、滋补催乳，对消化不良或便秘的人也具有很好的食疗作用。红枣是补血养颜的传统食品，红枣配上莲子食用，又增加了调经益气、滋补身体的作用。

1. 将红枣、莲子分别洗净；木瓜剖开去籽，洗净，切片。
2. 将红枣、莲子和木瓜放入锅中，加入适量清水和冰糖，煮熟。
3. 最后加入蜂蜜调味即可。

木耳猪血汤

材料：

猪血250克，水发木耳50克，青蒜半根，盐半小匙，香油少许。

做法：

1. 将猪血洗净切块备用；木耳洗净，撕成小朵备用；青蒜洗净切末备用。
2. 锅置火上，放入猪血和木耳，加入适量清水，用大火烧开，再用小火炖至血块浮起。
3. 加入青蒜末，加入盐，淋入香油即可。

TIPS

木耳中含有丰富的纤维素和一种特殊的植物胶原，能够促进胃肠蠕动，防止便秘，其中铁的含量也十分丰富，与含铁质丰富的猪血搭配食用，还能起到调补气血的功效。

红花糯米粥

材料：

糯米100克，当归10克，丹参15克，红花10克。

做法：

1.将红花、当归和丹参一同放入锅中，加入适量清水，水煎约20分钟，去渣取汁。

2.糯米淘洗干净，加入药汁和适量清水，煮成粥即可。

TIPS

红花、当归、丹参均有养血、活血、调经等功效。这道粥适用于月经不调而致血虚、血瘀者。

红小豆山药粥

材料：

糯米100克，红小豆50克，山药50克，糖或盐适量。

做法：

1.糯米洗净，用清水浸泡30分钟；红小豆用水冲洗；山药去皮切丁。

2.将糯米和红小豆放入锅中，加入适量清水，用大火煮开。

3.然后加入山药丁，用小火煮至稀稠，依口味喜好加入糖或者盐调味即可。

TIPS

山药能促进蛋白质和淀粉的分解，使食物易于吸收，红小豆能补血养颜，两者搭配不但美味更具营养价值。

泡脚引血下行，疏通气血让身体温暖

前面提到泡脚可以瘦身，其实泡脚最大好处不在于瘦身，而在于它能调养身体。

方法：准备一个专门泡脚的木盆，每天晚上泡脚15~30分钟，水面齐小腿肚，水温40℃左右即可。旁边还可以放一壶热水，水温微凉的时候续水，15分钟后你就会感觉后背微微地冒汗，那就对了，证明有效果。

有人会问，"我泡脚泡到两脚通红，半个小时都过去了，但是身上并没有出汗，这是什么原因呢？"这证明你的身体亏虚得比较厉害，体内寒气太重，经络瘀堵得严重，可以在泡脚的时候切两片老姜放在水中，一段时间后经络疏通，再泡脚的时候就会出汗了。

调整内分泌

有些女人疑惑：为什么本来娇嫩白皙的皮肤，突然长出了黄褐斑？为什么没吃多少食物，肥胖却在不知不觉中突然造访了？为什么脸上会无缘无故地冒出许多大颗大颗的痘痘……

原因是，你的内分泌失调了。内分泌失调除了会引起上述症状外，还会使人的脾气变得急躁，并引起月经不调、痛经、子宫内膜异位、不孕等更严重的后果。

对于调节内分泌，中医西医各有侧重。西医主要从饮食、运动方面入手，主张人们多吃新鲜水果、蔬菜和高蛋白食物，多运动，并形成科学的生活规律，使紊乱了的内分泌系统慢慢恢复正常。中医则是通过调理气血、化瘀散结的手段，清除内分泌失调者体内的代谢瘀积，平衡全身的气血，达到使内分泌系统恢复正常运行的目的。可见，不管是中医还是西医，都离不开饮食。

饮食调整内分泌

日常饮食注意品种多样，比例合理，多食一些新鲜水果蔬菜，少吃油腻以及刺激性食物。烹调用植物油为主，动物油为辅，以获得更多的不饱和脂肪酸。

注意补充维生素E，维生素E是调理女性内分泌最好的帮手。几乎所有绿叶蔬菜中都有维生素E，还有一些水果如草莓、黑莓、李子、葡萄等。另外，麦芽、大豆、植物油、坚果类、甘蓝、绿叶蔬菜、添加营养素的面粉、全麦、未精制的谷类制品、鸡蛋中维生素E的含量也挺丰富。

推荐食谱

蜂蜜柚子茶

材料：

柚子1个（挑圆形一点的，不要选有青色的），蜂蜜（最好使用香味较淡的蜜，这样可以突出柚子的果香味，用量大概是柚子重量的一半），白糖半包。

做法：

1.柚子（连皮带瓤），用65℃的温水洗净，浸泡5分钟，用干净毛巾吸去水分，将柚子剥开，同时将皮、果肉和两者之间的白瓤分开。

2.将柚子肉去掉皮、核，放到搅拌机里搅碎。

3.将柚子皮、白瓤分别切成4～5厘米长、1～2毫米宽的细丝，加到搅碎的果肉里，再加入白糖和蜂蜜，一起搅拌均匀，装入一个消过毒的玻璃瓶内，密封保存10天以上，就可以喝了。

TIPS

1.想喝的时候只需挖2~3勺柚子茶，再冲入适量温开水，调匀就可以了。也可以当果酱来吃，别有一番风味。但体寒脾虚的人不宜多吃。

2.蜂蜜柚子茶可以清热降火，除瘀排毒，调理全身气血，常喝能使内分泌恢复正常，并能祛斑，使肌肤自然透亮。

月经期间怎么吃

猪蹄桃花粥

材料：

桃花1克，猪蹄1只，粳米100克，盐、酱油、姜末、葱末、香油各适量。

做法：

1. 将桃花焙干，研成细末；粳米淘洗干净。

2. 将猪蹄洗净，把皮、肉和骨头分开，放到铁锅里加水煮沸，再用小火炖至猪蹄烂熟，取出骨头。

3. 将粳米和准备好的桃花末放入猪蹄汤中，用小火煲成粥，待粥熟时加入盐、酱油、姜末、葱末、香油调味即可。

TIPS

每两天服1次，可以活血化瘀，促进内分泌早日恢复正常。尤其适合刚刚生产完的女性。

核桃牛奶饮

材料：

核桃仁30克，牛奶200克，黑芝麻20克。

做法：

TIPS

核桃含有丰富的维生素E，维生素E可调整内分泌。这道核桃牛奶饮适合血燥引起的内分泌失调者，症见肌肤失于润养，脸上容易出现暗红色或褐红色鳞屑性斑块。

1. 将核桃仁、黑芝麻倒入小石磨中，边倒边磨，磨成粉。

2. 磨好后，均匀倒入锅中与牛奶共煮，煮沸后加入少量白糖，每日早晚各一碗。

胡萝卜柿饼瘦肉汤

材料：

胡萝卜2根，柿饼2个，去核红枣8粒，猪瘦肉200克。

做法：

1.将胡萝卜去皮，切厚片；柿饼、红枣用水细洗；瘦肉切片。

2.将全部材料放入砂锅内，加水炖1小时左右，调味即可连汤料同食。

TIPS

这道胡萝卜柿饼瘦肉汤能够调整内分泌，常喝还能祛除黄褐斑。

泡澡能够维持身心平衡，调整内分泌

选择38~40℃的温水，每次泡3~5分钟，然后休息5分钟再入浴，重复3次。

泡澡不但能维持身心平衡，调整内分泌，还能消耗能量，有助于瘦身。同时，泡澡也能促进老旧角质更新，保持肌肤光滑细致。但是心脏不好的人并不适合常泡热水澡。

另外，热水浸泡后，人体皮肤毛孔张开，这时候在热水中放入合适的中草药，可以顺着毛孔进入人体，对身体有较好的保健作用。不过，具体加什么"配料"要视各人的体质而定，千万不能盲目，最好向专门的医生咨询。

缓解痛经

相信每个女人一生中都会遇到痛经的问题，有的人只是偶尔一两次，有的却每次来"老朋友"都要受痛经的折磨。作为现代女性，面临家庭和工作的双重考验，已经倍感压力，而痛经又在每个固定的时候扰乱她们的生活。对这个"恶魔"是否我们只能忍耐？难道痛就是应该的？不，其实只要养成良好的饮食习惯，只要吃对食物，这个"恶魔"我们是有办法对付的。

芹菜牛肉粥

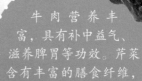

材料：

粳米100克，牛肉50克，芹菜1根。

做法：

1.带根芹菜洗净，切末；牛肉洗净蒸熟，切成末。

2.粳米淘洗干净，与芹菜一起放入锅中，加入适量清水，煮粥。

3.待粥熟时加入熟牛肉末，稍煮即可。

TIPS

牛肉营养丰富，具有补中益气、滋养脾胃等功效。芹菜含有丰富的膳食纤维，能够预防便秘。两者合用，非常适合痛经者食用。

山楂红糖饮

材料：

取个大、肉多的新鲜山楂30克，红糖30克。

做法：

1. 将洗净的山楂切成薄片备用。
2. 锅置火上，加入适量清水，放入山楂片，大火熬煮至烂熟。
3. 再加入红糖稍微煮一下，出锅后即可食用。

TIPS

山楂具有消积化滞、收敛止痢、活血化瘀等功效。红糖有益气补血、健脾暖胃、缓中止痛、活血化淤的作用。两者合用适用于血瘀体质，症见肤色晦暗、痛经、怕冷。

养血止痛粥

TIPS

黄芪、当归能补气养血，白芍药、粳米、红糖酸甘敛阴、缓急止痛，泽兰活血祛瘀止痛，可于经期作辅助食疗。

材料：

粳米100克，黄芪15克，当归15克，白芍药15克，泽兰10克，红糖30克。

做法：

1. 将黄芪、当归、白芍药、泽兰一同放入锅中，加入适量清水，煎15分钟，去渣取汁。
2. 粳米淘洗干净，放入锅中，加入药汁和适量清水，煮粥。
3. 煮至粥熟烂时加入红糖即可。

缓解痛经小窍门：热敷，让你痛感全无

如果你来月经时有痛经的情况，可以试试热敷。方法是：盆里倒开水，加入一些盐，用毛巾热敷，然后躺下休息，一般半个小时即可得到缓解。也可在腹部放个热水袋进行热敷，一次数分钟，可以缓解腹部的胀痛。

月经期间怎么吃

183

附录：常见食物热量

想要瘦的话，每天摄入的热量需要控制在1400~1600千卡。下面是一些常见食物的热量：

大米
100克大米的热量约为342千卡

小米
100克小米的热量约为355千卡

薏米
100克薏米的热量约为357千卡

面条
100克挂面的热量约为361千卡

馒头
100克馒头的热量约为226千卡

荞麦面
100克荞麦面的热量约为329千卡

玉米面
100克玉米面的热量约为339千卡

玉米粒
100克玉米粒的热量约为298千卡

红薯
100克红薯的热量约为57千卡

土豆
100克土豆的热量约为79千卡

红豆沙
100克红豆沙的热量约为240千卡

绿豆
100克绿豆的热量约为316千卡

莲子
100克干莲子的热量约为344千卡

红枣
100克红枣的热量约为264千卡

芝麻
100克芝麻的热量约为300千卡

花生米
100克花生米的热量约为563千卡

鸡蛋
100克鸡蛋的热量约为
144千卡

猪肉
100克猪肉的热量约为
364千卡

牛肉
100克牛肉（小腿肉）
的热量约为122千卡

鸭肉
100克鸭肉的热量约为
240千卡

鲫鱼
100克鲫鱼的热量约为
108千卡

猪肝
100克猪肝的热量约为
126千卡

排骨
100克排骨的热量约为
264千卡

鸡胸肉
100克鸡胸肉的热量约
为118千卡

火腿肠
100克火腿肠的热量约
为212千卡

豆腐
100克豆腐的热量约为
81千卡

豆奶粉
100克豆奶粉的热量约
为419千卡

豆浆
100克豆浆的热量约为
30千卡

鲜奶
100克牛奶的热量约为
74千卡

冰淇淋
100克冰淇淋的热量约
为140千卡

果冻
100克果冻的热量约为
59千卡

酸奶
100克酸奶的热量约为
88千卡

洋葱
100克洋葱的热量约为
30千卡

番茄
100克番茄的热量约为
19千卡

青椒
100克青椒的热量约为
27千卡

花菜
100克花菜的热量约为
30千卡

黄瓜
100克黄瓜的热量约为
12千卡

茄子
100克茄子的热量约为
21千卡

四季豆
100克四季豆的热量约
为29千卡

冬瓜
100克冬瓜的热量约为
11千卡

香菇
100克新鲜香菇的热量
约为19千卡

苹果
100克苹果的热量约为
52千卡

香蕉
100克香蕉的热量约为
91千卡

梨
100克梨子的热量约为
44千卡

橘子
100克橘子的热量约为
50千卡

柚子
100克柚子的热量约为
60千卡

葡萄
100克葡萄的热量约为
43千卡

甘蔗
100克甘蔗的热量约为
64千卡